拥抱你的内在小孩

[美] 克里希那南达 & 阿曼娜 著

方志华 李淑娟 高永恩 林青蓉 刘玉玲 蒋昭仪 译

漓江出版社

桂图登字：20-2010-359

图书在版编目（CIP）数据

拥抱你的内在小孩 / (美) 克里希那南达, (美) 阿曼娜著；方志华等译. -- 桂林：漓江出版社, 2011.8（2023.2重印）
ISBN 978-7-5407-5074-9

Ⅰ. ①拥… Ⅱ. ①克… ②阿… ③方… Ⅲ. ①恐惧—通俗读物 Ⅳ. ①B842.6-49

中国版本图书馆CIP数据核字(2011)第104100号

拥抱你的内在小孩
Yongbao Ni De Neizai Xiaohai

作　　者：[美] 克里希那南达　[美] 阿曼娜
译　　者：方志华　李淑娟　高永恩　林青蓉　刘玉玲　蒋昭仪

出 版 人：刘迪才
策划编辑：符红霞　　责任编辑：符红霞
助理编辑：赵卫平　　装帧设计：平　平
责任校对：王成成　　责任监印：黄菲菲

出版发行：漓江出版社有限公司
社　　址：广西桂林市南环路22号
邮　　编：541002
发行电话：010-65699511　0773-2583322
传　　真：010-85891290　0773-2582200
邮购热线：0773-2582200
电子信箱：ljcbs@163.com
微信公众号：lijiangpress

印　　制：天津图文方嘉印刷有限公司
开　　本：640 mm × 960 mm　1/16
印　　张：16.5
字　　数：196千字
版　　次：2011年8月第2版
印　　次：2023年2月第5次印刷
书　　号：ISBN 978-7-5407-5074-9
定　　价：49.80元

10周年版自序

这是我们的第一本书《拥抱你的内在小孩》的十周年纪念版。她描述了一趟疗愈的旅程，让我们学习带着爱和慈悲，来应对我们的恐惧。

我们发现：我们之所以无法过上美满的生活，很多时候缘于我们内心深处那些不曾被探索整合的恐惧经验。我们越能够接受这些恐惧经验，并且越了解如何来穿越转化它们，我们就越有能力让自己过得充实满足。不过从更深的层面来讲，面对和拥抱我们的恐惧，是让我们通往自性的大门，同时也开启了我们和内在真实脆弱的联结。

恐惧感是我们每个人在生活中都必须要面对的核心议题。通过探索可能让我们感到害怕的情况（比如，不被重视，受到侵犯、虐待、羞辱，被遗弃、拒绝，感到孤单寂寞，孤立无援……），我们能学着了解我们的恐惧感。通过感受恐惧感带来的身体反应，觉察恐惧感是如何驱策想法和行动的，我们才能更好地认知自己的恐惧感。可以说，是恐惧感在阻碍着我们的自我辨识和自我欣赏，阻碍着我们敞开心扉去接受生命中的美好礼物。

如果恐惧感被我们否认，它就仿佛被关入心智意识的地下室，但它会在地下室发挥它强大的影响力——通常会让我们像残废了般感到挫败。我们可能会使用各式各样的补偿机制或上瘾行为，来掩饰内心的恐惧感，但只要这些恐惧经验潜伏在我们内心，它隐晦的影响力就会使我们陷入焦虑，破坏我们的创造力，让我们变得僵化或疑神疑鬼，迫使我们去寻求安全感。最糟糕的是，它会破坏我们对爱的向往和追寻，破坏我们爱的能力。

我们所教导的方法，不只是关于如何“感觉”、拥抱、接受和揭露我们的恐惧，还包括如何发展身体的能量，来重新恢复因为创伤或负面制约而丧失的生命能量。通过学习怎么培养身体的力量和信心，以及如何在生活中注入冒险的特质，来帮助自己培养信心和自尊，强化对自己的信任。需要在生活中冒险的区域因人而异。事实上，可以为我们带来疗愈的行动是，学习在生活中的某个特定时段，决定去冒险。

之前，很多读者通过读这本书获得启示和成长；现在我们仍以无限的热情，邀请你使用这本书，它能帮助你拥抱自己，让你摆脱被恐惧感支配控制的生活，迈向充满爱、活力、乐趣、创造力的康复疗愈的旅程。

原版推荐序
恐惧只是影子

瑞哈夏

只要我们活在一种分离的意识里，恐惧就是人类的状态，我们可以畏惧它也可利用它。我们可以逃避我们所害怕的，也可以带着清楚的意识去面对，从中发现它只是一个阴影，在消散之后呈现出真相。

审视我的生命，我发现恐惧一直是我最好的老师，我可以说是个恐惧专家。童年时父亲相当专制，我很怕他。幸运的是他不吃恐惧这一套，常告诉我们："别听恐惧的话。"他总是创造一些状况让我和哥哥得去面对并穿越自己的恐惧。现在我由衷地感激那些早期的学习。

六岁的时候我病得很严重，常要在许多医院里面对护士和医生。

我害怕护士，面对这个害怕我成为一个护士。

我害怕医生，面对这个害怕我也成为一个医生。

身为医生我害怕那些昏迷或重伤的病人，面对这个害怕我成为一个急诊医生……

我害怕私人诊所开业要负担的责任，面对这个害怕我就开了一家诊所。

然后我开始探索内心世界，去上一些疗愈课程。

我害怕治疗师因为我觉得他们会看穿我，比我还了解我。面对这个害怕我成为一个治疗师。

每次我面对任何恐惧，恐惧就消失。恐惧只是个影子，其中什么都没有。等到恐惧的面纱一被揭开，背后隐藏的东西就会呈现。喜悦、爱、恩典、自信、生命、临在、宁静以及我们在成长之路上所有的寻求。

人类碰到的最大的一个恐惧就是对亲密的恐惧，害怕深入一段关系，害怕对爱敞开。

在这本美丽的书《拥抱你的内在小孩》里，克里希那南达和阿曼娜探索了恐惧深层的根源。他们说恐惧是共依存状态的肇因，造成关系里最大的挣扎和受苦。恐惧也是所有痛苦瘾头的来源，饮食失常、酗酒、嗑药、烟瘾以及其他人类至今依然沉溺的劣性恶习。

克里希那南达和阿曼娜精辟地阐述了恐惧和童年创伤的关联，同时也引导读者一步步地走出苦痛的谜团，他们提供了一些智慧有效的工具穿越恐惧，达到尊严、爱和信任。

本书像是指月之手，给读者指引着一个正确的方向。但读者必须要带着勇气亲自走上这条路，敢于亲身去体验并面对自己的恐惧。而在刚开始体验的前期，最好有一些引导，这样会更容易些。这些引导可以是个人的咨询，也可以是直接体验情境的成长课程。

当然，在无意识里的许多东西会驱使我们避免去看清楚自己的恐惧。而这种逃避却造成了一个充满恐惧的自我感，只想为自己辩护和防卫。我们还不认识自己的真貌，我们的许多行为都受恐惧驱动。当我们的意识成长并面对我们的恐惧时，我们便可以穿越这层幻象阴影，迎向一个全新的领域，在那里“当下如是”地感受。我们就从恐惧的作为进入了爱的作为。本书提供了一些技能指引，帮助我们建立内心深处的信任。

您是否准备好了放下这伪造的自我感？光是看书是碰不到恐惧的，您得开始试试……

请深呼吸，带着勇气，纵身一跳……

原版推荐序
认出自己内在受伤的小孩

张德芬

这是我读过的书当中，把内在小孩描述得最清楚的一本。

其实它英文的书名叫作“面对你的恐惧：如何将恐惧转化成爱”。

原来我们内在小孩的最大特征，就是恐惧。

但是在日常生活当中，我们的恐惧幻化成愤怒、悲伤、嫉妒、自卑、自责、退缩等不同的负面情绪，让我们眼花缭乱，而不知道其实是一个受了伤的内在小孩被触动了。

这个孩子敏感而纤细，多面而热情，但是由于从小受到了伤害，他的正面特质被压抑了，转而被生存的恐惧所替代。

一个孩子是没有勇气和智慧来面对他所遭受到的伤害的。但是身为成人，我们有足够的资源，就像我们安抚、疼惜自己孩子一样的，可以去疗愈自己的内在小孩。

一旦我们的内在小孩获得了疗愈，他的喜悦、创造力、生命力、信任等特质，就能毫无阻拦地表达出来，为我们的生活带来无数的乐趣和希望。

这个疗愈的过程，就要先从认出自己内在那个受伤的小孩开始。

作者克里希一步一步地，用非常细腻的描述方法，为我们揭开了内在小孩的面纱，从恐惧、羞愧、惊吓，到被遗弃和被剥夺等让我们缺乏安全感的根源开始说起，并且加上他自己亲身经历的故事，为我们每个人的内在小孩找到了对号入座的情境。

克里希诚实地描述了他自己的内在过程，也让我能够感同身受地看到自己的内在小孩的一些作为：反弹行为、任性、不切实际的期望，以及孩子用来保护自己的策略，而这些策略在幼年时期对我们来说也许有效，但是在成年之后，这些策略不仅阻挡了我们人生的脚步，更让我们远离真相，远离自己的内心。

在“面对爱的迷惘”这一章中，作者让我们看清楚亲密关系的最大困难所在，就是我们每个人都无意识地在伴侣身上寻找那个永远不会存在的完美父母。我们也都想在对方身上弥补童年时候没有得到的关爱、尊重、了解和接纳。这些迷思，是造成亲密关系问题的关键所在，如果每个人能够追寻克里希的脚步，回到自己内在的感觉，看到并且安慰那个受伤的内在孩童，我们的人生，就会有很大的转变。

最后，作者指出，静心是一切疗愈的开始。因为静心可以帮助我们对于自己的身体、念头、感觉和行为都有更多的觉知，而觉察和接纳，是疗愈最好的良药。

如果读者看了本书之后，觉得深得我心，的确是治疗你病症的最好药方，但是觉得还是有抓不到药的感觉，那么我建议你多做一些静心的活动，扩展你的灵性空间，同时，最好的方法还是参加作者和他夫人每年来中国举办的工作坊。

目录

第三部 我们如何逃避恐惧

第四部　疗愈恐惧——蜕变的途径

前言——
以爱疗愈内在的恐惧

一般人有个错误观念："恐惧是负面的，应该要避免或克服它。"至少这么多年来，我一直是这么想。随着岁月增长，我开始了这一趟面对内在恐惧的深度学习之旅。这本书就是在描述这一旅程，学习以爱与慈悲去疗愈自己恐惧的历程。书中的题材来自我自己的内在经历，也有我和我的伴侣阿曼娜在世界各地带领工作坊的故事。我们发现，我们老在生活中退缩，无法过充实而有意义生活的原因，多半是我们仍有尚未探触和整合的内在恐惧。我们越能接受自己的恐惧并穿越它，就越觉得日子过得充实而值得。而且就更深的层次而言，去面对并拥抱我们的恐惧是条通往神圣的道路，让我们与存在深入地联结，同时能够敞开自己的脆弱。

我想到生命中的重要事件，或多或少都和恐惧的感受有些关联。像害怕失去、怕被处罚、怕被骂、怕被批判、怕被拒绝、怕孤单和被遗弃、怕求生存、怕被看穿、怕被羞辱、患得患失、怕太亲密、怕被当面质问和生气，或是怕失去控制。然而，每当我穿越一个重要的恐惧，学会在当中放松、放下时，代表我又进入到一个更深层的自我发现。

我的一位良师益友曾说：**"我们可以自己决定生活在'丛林'里，还是'花园'中。"**在"丛林"里，我们被生存竞争、成功或失败、形象表现的价值所左右，大家生活在一个以成功、魅力及权力为基础的社会阶层中，而主导这一切的是内在害怕和恐惧的感受。在这样的"丛林"中，我们要压下害怕的情绪，要强迫使用补偿行为去避开自己的脆弱恐惧，不然就是等着垮下来。

在“花园”中，世界应该是这样：每个人都可以用自己的方式在这个空间中表达他或她自己。在花园中，不管我们处在什么样的状态，都是被接受的。在这个世界中的最高价值是接受本来的面目，大家互相支持去学习爱自己，无须比较，只要尽情去发现自己的价值、发展自己的天赋就好了。我们要学的是将别人视为资源，而非威胁。也许，我们心里会比较想过着“花园”中的生活，而我们的心智和行为却依然停留在“丛林”里。要改变我们的视野，需要一些意识上的微调。

然而，我们之中许多人，也许是大部分的人，都在“丛林”的氛围中长大，在压力、紧张和比较中，总被要求要表现和被看见，好让人评头论足，而非单纯地活着就好了。这种制约深深植根于我们成长的社会，自然而无意识地传了一代又一代。当这样被带大时，我们会把大量的恐惧和羞愧感隐藏在头脑和身体中。自我感开始受伤，最终失去了天赋的信任和敞开。

这种生活在“丛林”的意识，实在令人痛苦万分，只要一想起自己曾经出于这种意识做过（和盘算过）的一些事情，就觉得很难原谅自己。我曾和同事竞争，甚至希望打败他们；曾经不耐烦地对待我的朋友、爱人和案主，甚至用批判和不耐烦的态度虐待他们；我曾经做出不诚实和不可靠的事，也因过度以自我为中心而背叛别人，在他们需要我时，我却没有和他们在一起；我过度自我要求，用过高的标准自我期许，达不到时就自我苛责。这些行为正是我受“丛林”意识制约的结果。我不是以此作为借口，而是提出解释。“丛林”的制约建立起以恐惧为核心的意识，而恐惧让人无法有爱的意识，我们自然而然会出现毁灭或破坏自己和别人的行为。

多年来，我通过在自己和别人身上工作的经验，终于了解到我的功能失调、无意识的破坏和所有上述种种行为，都是来自恐惧。恐惧是最核心的课题，也许这个核心课题是我们每个人一生中都需要去面对的。我们可以从害怕的事情中，像侵犯、麻木不仁、虐待、遗弃、拒绝、寂寞、孤立、灭绝，去学着了解内心的恐惧。然而，在更深的层次中，我们可以经由身体如何感受恐惧以及我们的思维和行动如何受到恐惧操控来认识恐惧。

当我们拒绝感受恐惧或没有觉知到恐惧时，恐惧就会被推入意识的底层，施展强力的影响，阻碍我们过好日子。虽然我们会用尽各种补偿或上瘾行为来掩饰恐惧，但只要它仍是一股潜藏的力量，就能造成长久的焦虑，毁损我们的创造力，让人变得严厉、缺乏安全感、疑心重重。最糟的是，恐惧毁掉了我们对爱的追求。正是恐惧，让我们一直生活在“丛林”意识中，而远离了“花园”。正是恐惧，让我们无法认识自己重要的天赋，向生命敞开。

恐惧影响生活的各个层面，几乎主宰我们的生活，包括言谈举止、生活起居、工作关系和创造力等。还有我们不想去做的事，都可能出于恐惧。它也影响我们的呼吸，甚至可能是我们最想忽视、克服、推开的一个当下真实现象。在自我探索的路上，我发现自己的恐惧由来已久、由来甚深。我知道自己有许多恐惧，但我的态度总是要去克服它，或觉得它会限制我的生活，让我变成一个懦夫。在记忆深处，我只记得我曾决定绝不让恐惧胜过我。我决心用强力意志去打败恐惧。我甚至记得多年以前学习攀岩，攀爬三百五十度岩石的半途中，我大声地叫：“去你的！你这座山休想打倒我!”

问题在于，这些对于我和自己的亲密联结，没有任何帮助。我是由我的恐惧推着往前走的。这使得我和自己的内在和敏感脆弱空间的距离更遥远了。这样的裂缝会在我的人际关系中具体展现出来。我以前的爱人都成了我内在脆弱的投射，我总是责备她们需索无度，或太自寻烦恼。我根本就和自己的感觉分离了，却还宁可相信，如果停下脚步去探索内在的恐惧，一定会被恐惧感所淹没。总之，为了极力掩饰所有的恐惧，我形成了一种生活形态：在学校中用功读书，保持自己总是很忙碌，参加可以挑战自我的冒险活动，还逃避亲密关系。我努力再努力，忙得团团转，成就事业、取悦别人、寻求别人的赞同和肯定，一再避免去感受自己的恐惧和内心的空虚。

当然，我并没有觉察到，其实这只是一直在重复做着避免恐惧发生的事。我以为生活本来就是这样，直到很久以后，我才知道原来生活还有别的选择。只要我被这种需要掩饰恐惧的心态拖住一天，我就无法看穿真相。这种日子其实已在西方文化中根深蒂固，深到已无法想象还有别种生活可以过。经过多年的自我灵魂探索之旅，直到有一天，我终于发现自己陷溺之深，那是一种无意识的“催眠防御状态”，总是试着避开恐惧，来把内在那位被失败和拒绝吓坏了的小男孩隐藏起来。包括我习惯性地和人有距离、离群索居，都是对恐惧的掩饰，一个饱受惊吓的小孩的恐惧。

当我们没有认出恐惧并好好处理它时，它会让爱人间产生争执、形成共依存的关系，最后终究还是会分离。恐惧让我们没有办法和人亲密，因为焦点没有放在自己身上，而是放在别人身上，放在他或她做了什么、或没做什么，放在他或她没有做我们想要他们做的事情上。没有好好在恐惧上下功夫，也会扼杀我们的创造力，毁伤我们的自尊心。我们会不断去逼迫、批判、责难别人和自己，永无止境地比较一切，想要保持良好的形象，在寻求别人的赞赏、尊敬和认同之中，迷失了自我。更进一步来说，**没有认出自己的恐惧并好好处理它，会让我们无意识地伤害自己和最亲密的人**。未经处理的恐惧也会不断地制造分裂，因为我们会深信：这个世界是没有爱心和关怀的地方。除非我们疗愈这种不信任，否则我们会一直有疏离感，而疏离会让人无法接收到爱。

现在，我已经知道接触恐惧的另一种途径。我一直在学习有关创伤和创伤对人神经系统的影响，也已学到不少。我花了许多时间去追溯我身体中的感官感受，当某些感觉被唤起时，我也觉察到恐惧是如何影响着我的思维和行为。在本书中，我将呈现一种治疗方法，从“丛林意识”转化为“花园意识”的方法，这是我和阿曼娜在工作坊中运用的，也是我一直在自己身上做的功课。这种方法让我们学着去接受并了解自己的恐惧，包括恐惧对我们目前生活的影响以及这种影响如何从童年经验发展而来。此外，还要培养能真实感受恐惧在身体作用的能力，并学习注意我们的思维如何和何时会受到恐惧的摆布。

我们所教的方法不只是学习去“感受”恐惧，也包括如何去发挥身体的能量，好让自己重新取回生命能量，那是在创伤以及负向制约中流失的能量。这也包括学习在身体中重建力量和自信。要重建能量和力气，就得在生活中加入一种冒险的特质，在冒险中建立起自信、信任感和自尊。每个人可以冒险的领域都不同，疗愈的一部分就是学习何时何地可以展开冒险，这样的冒险必须挑战自我的恐惧，同时不会被失败和无助感击垮。

在本书中，有时我会揭露自己童年时代的伤痛经验，但这并不是要去责备我的父母或任何人，而只是单纯地分享我的受伤经验。完成此书后，我甚至对于父母所赐予我的天赋和灵感，更加地感恩。可怜天下父母心，来自我父母无意识的创伤，造成的我内在的伤痕，必须靠我自己去揭露与疗愈。分享自己经验的用意也就是想指出，我们所有人都有这个负面制约的源头。我的疗愈过程是一趟旅程，这趟旅程首先开始于否认我曾有个“美好的”童年，然后进入愤怒的感受，并为自己经历过的伤痛感到悲伤，最后呈现出如何让这些经验转化成为“花园”意识。恐惧和伤痛是伟大的导师，只要我们愿意学习如何与之相处。

在书中我也会陆续分享我从我的灵性师父那里所学习接收到的静心和庆祝生命的礼物。在禅宗传统中，求道中的一件大事，就是将全然信任一位精神灵性上的师父，作为通往信任生命的修行之路。在我穿越自己恐惧的旅程中，这曾是重要的一部分。在这趟学习之旅中，我也会举一些个案实例、练习，以及指引一些静心方法，让读者可以将我所提供的内容，整合在生活实践中。我所处理的这些议题，对每个人而言都影响深远，即使每个人有个别差异，但我们都面对着共同的课题。也许更深入而言，我们都在寻找着相同的东西，一种能接纳自己、爱自己的能力，并将这种爱的能力与人分享。

我在医院刚开始精神科医生的受训时，留意到有位女子会在病房的地板上艰难地匍匐、蠕动爬行。我从病历卡上看到她的名字，趋前问她：“玛丽，你在这里做什么？”她抬头看着我，诚恳地说：“我正在尽我最大的努力。”我沉默以对，那天，玛丽给我上了重要的一课。

克里希那南达

序幕　一种疗愈模式的新视野

我们生命的核心，
你的存在，
是你和宇宙的联结。
从这扇门，
你可以进入宇宙，
并与存在合二为一。
但是如果你已在核心……
你将会发现伟大的奥妙和神秘。
这个状态称为佛，觉悟者。
处在这个片刻的你，无不是佛。
你可能忘了，那也无妨，
因为你终究会记起。

——《禅——超越的神秘与诗》

在本章中，我要提出一种模式，一种大部分人都会体验到的存在（Being）的能量图像。这种模式也描绘了内在受伤和复原的地图，我们在内在工作的旅程中，运用这个模式作为回到“花园”意识的定位锚。这趟旅程基本上是回到失落的内在空间，而该模式就是在描述这个历程。在呈现这个模式时，我会加入一些心理学和精神灵性方面的素材，而且尽量浅显易懂。

想象你正站在一个划分成三个同心圆的圆心中，有外圈、中圈和内圈。这三圈以你为圆心呈放射状。最外圈，我们称为保护层；第二圈是我们受伤的脆弱情感层，是我们经验恐惧和羞愧的一层；最后，中心的内圈是存在的核心，是我们本质的位置，在此空间中我们是舒畅灵活的存在。在这个中心，生命是深深放松的状态，能欣赏自己的独特天赋，无须奋斗来证明自己。**我们的内在旅程是去重新发现自己的本质天性，同时也需要针对我们的受伤脆弱层和保护层，发展出深刻的慈悲心和同理心。现在让我们来一一探索每层的内涵。**

核心层——生命的本质和核心

当我们回归中心时，会觉得和自己、生命以及存在是合一的，会感受到爱、信任、朝气蓬勃、纯真无邪、趣味盎然、沉静稳定和深深的放松。在静心的修行传统中，这个空间是大家耳熟能详的一

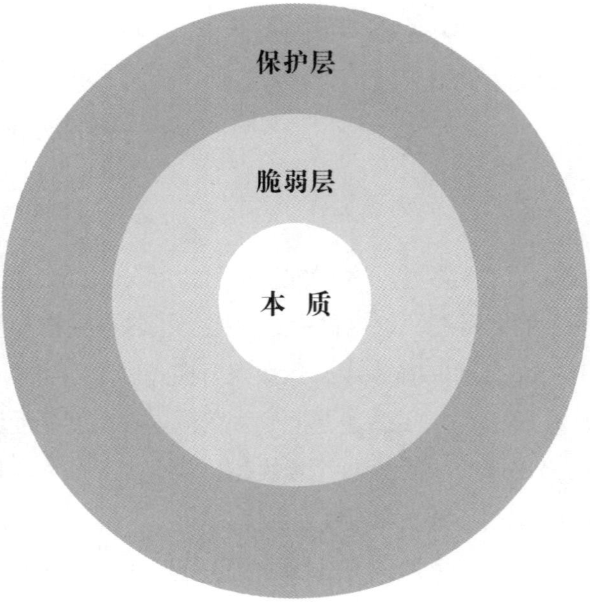

个转化途径。它是一个接纳生命、悲悯、放下、信任和不需多做努力的空间。当我们来到这个中心时，我们的生命能量和活力会从这个内在空间自然舒畅地流泻出来，它可以是创造力、性能量、深层情绪、判断主张、舞蹈、玩乐、运动或任何能量可以流动的方式。

我们生来就在这个中心。我们降临到这个世界时，是纯真、信任、自然会去爱、生机盎然、没有保护层的，因为还没有经历到需要保护，我们赤裸裸、全然脆弱地来到这个世界。没有认同、姓名、地址，我就是我。但当创伤出现时，使得另外两层形成，也因此丧失了原始的纯真和信任。失去这样的状态并非不幸，因为它呈现出的挑战和潜能，是要将纯真和信任由无意识状态，转化为有意识状态。唯有我们没有再度拾回那份纯真时，才会令人感到难过。

我们大部分的人，或多或少都会经历到回归中心的时刻。也许是在修行静心时，会经历到全然存在、沉淀和深度放松的时刻；也许是在性爱的时候，会有融合为一的深刻感受，不只是和对方，也是和生命本身。我们可以感受到这个活生生的、回归中心、身心舒畅的空间，也许是正在发挥创造力时，在练武、跳舞、运动时，甚至是当内在极度悲伤时，不过这些时刻通常都是惊鸿一瞥。这个我们所回归的中心，有种“家”的感觉，像是我们所熟悉的住处。而回归到这个中心的历程，包括需要学习了解另外两层的内涵，并将另外两层整合到我们的生命中。

中间层——易受伤的脆弱情感

我们小时候大多会有一些创伤，这些创伤的来源不一，可能是被拒绝、活力能量受压抑、麻木不仁、缺乏温暖、紧张、受虐、被比较、有压力、被苛责、被批判。也许这当中最大的羞辱是，我们不被支持做原来的自己，而被制约要成为别人（父母、老师、整个社会）所期望要求的人。带着这些羞辱，我们的纯真、活力、爱心、信任……开始一一瓦解，不复存在。纯真变成多虑、信任变成不信任、自然流露变成精神崩溃和自我怀疑、生机盎然变成沮丧和缺乏活力、自然的权利主张变成好战或无法保护自己、热忱变担忧、抒怀变催促……这个清单列都列不完，而我们就在这些过程中受伤了。

这样的伤害在我们一生中不时地发生，最早可能会在母亲的子宫中发生，后来也发生在我们现实的生活里。每个人受伤的方式与程度不一样，自然每个人所受到的影响也就不同。然而，了解到我们每个人都曾经或多或少受过伤害是很重要的。很少人在小孩时期就具有内在的资源，可以有效地去防御自己不受到伤害、不变成麻木不仁、不受到负面影响，而可以仍然强壮地活在自己的中心。

人性中脆弱的自然状态是：柔软、接纳、开放和幸福感。然而，在受伤之后，失去了内外的信任，脆弱感也就混杂了害怕、孤寂和羞愧。中间这一层变成了一个令人害怕、孤立、羞愧的空间。经历了社会和宗教多年来成功的洗礼之后，人们已变得顺服，不得不压抑个人的狂野、性意识和真实感受。这是因为独立的个体性会让那些需要掌控孩童的人感受到威胁，也会唤起他们太多的害怕。害怕和内疚通常会被使用来压抑小孩的生命能量，让我们忘掉真实的自我。我们的父母、师长和宗教权威人物（每人尊崇的各有不同），都是这个压抑过程的无名工具。然而，他们还能怎么做呢？他们自己也同样在这个压抑工具下求助无门。

除非我们循规蹈矩，照着大人的期望去做，不然就会面临被断绝爱和赞同的来源。小孩如不服从，可能会被处罚、虐待、孤立、拒绝，甚至有会被毁灭的感受。照顾我们的人、老师们都以为他们是为我们好才这么做，才非要将社会文化这种压抑的价值观，强加在我们身上。所以，我们在还是小孩保有纯真和接纳的状态时，便屈服让步，放弃自己浑然天成的活力生气和狂野气质，好去交换大人的爱与赞同。每个人的自我感都以不同的程度和方式，遭遇到这种直接的攻击，也因此发展出不同的应对方式（用来应对的谋略，也就是落入第三圈外层的保护层）。

不论求生存的策略为何，我们的脆弱情感现在包裹了一层层的羞愧和惊吓。伴随着羞愧和惊吓而来的，还有深沉的被背叛、受伤、愤怒、无助、绝望之感。我们的受伤和愤怒来自受虐、被忽视、不被接受、不被看见、不被听见、不被欣赏、不被了解；还有被迫要表现和顺从，要压抑自己的性意识和蓬勃生气。而这些愤怒和受伤的感觉，被紧抓在第二圈中间层，隐藏于惊吓和羞愧感之中。当我们探索中间层时，大部分人最先接触到的会是惊吓和羞愧感。但是，当我们探究得更深时，我们也会感受到深沉的愤怒、空虚、难过、孤寂和自我的空洞感。

第三层——保护层的防御机制

故事还没说完。在成长过程中，第二圈受伤脆弱层和内圈的生命核心层，都会被第三圈保护层所掩盖。我们自然地构建出这一层，来保护易受伤的脆弱情感。这个第三层是我们用来将苦痛的能量阻隔在外以免受伤的屏障，它也是我们用来掌控混乱生活的方法。保护层设法让自己不要感受到更多的痛苦和害怕。我们会用尽各种方法来保护自己，例如，压缩自己的生命能量和经验，让自己处于安全的状态；用上瘾的药物或行为，让自己分心；在生活中努力奋斗、取悦别人、退缩不前、理智化、诱惑别人、保持忙碌……

不可胜数。有些人会让自己的认同和行为符合别人的期望，并理性地将自己的任务做好（顺从）。有些人则是叛逆，但却是带着深深的疏离感、愤怒感和切断感受（叛逆）。有些人会因为无法达成被期望的要求，或不能忍受这样的压力，于是垮掉放弃或抽离逃开（退缩不前）。我留意到自己虽然经常是个顺从者，然而很多时候也是个叛逆者和局外人。

保护脆弱情感的主要方法之一，是让自己顺应一种角色和一种自我形象。我们躲藏在各种角色之后，变得有权势，变成牺牲者，变得性感，成为一个善于照顾的人，变成最好的或最糟的，变成开心果，成为有灵性的、有魅力的或是运动发达的人。我们也躲在可以强化自我的任何事物背后。我曾经选择作为一个哈佛毕业生、嬉皮、叛逆者、医生、好人、修行者、精神科医师、治疗师和网球选手。很难想象自己在和他人互动时，可以不戴上一直赖以维生以呈现自我形象的面具。没有了面具，我们整个人将变得脆弱不堪；失去了保护层，恐惧和羞愧感也将跟着浮现。

我最近参加一个研讨会，是一个三年训练计划的一部分。通常我都是团体的带领人，我会很安适地躲在这个角色后面，让自己可以逃避自己的脆弱，但这一次却行不通。我在这个团体中是新人，因为我刚从另一个我要展开训练的地方赶过来，所以觉得自己是个外来的闯入者。第二天，我感受到自己不安定的感觉升高，而且越来越退缩到自己的内在，我对自己是如此的恐慌、不安定，甚至不敢找人一起共进午餐；到了第三天，我开始碰触到惊吓和无助的深刻感受。我知道自己就是因为内在的这些感受来参加这个团体，但这样的认知仍不能让我觉得舒服些；到了第四天，带领人询问全场还有没有人想分享些什么，我想隐藏自己，但马上就知道他打算和我们每个人有所接触。当他来到我面前时，我紧张到一个字也说不出口，但他帮助我呈现自己的恐惧、承认自己的惊吓状态，我开始觉得安全，并让自己可以融入这个团体。

保护层并不是一个负面的空间，是我们对它的无意识造成了它的负面性。当我们还是小孩时，必须找一个保护自己的方式，因此大部分的人都建造了自己独特的防御风格，如果没有这层保护，我们无法安然无恙。不幸的是，我们变得太认同且依附于自己的保护层，而无意识地活在防御行为中。正由于它是这么地惯性且无意识，因此我们无法自主地选择运用或是不运用它。我们很小就构建了这些保护层，早已养成习惯而不自知。结果，我们只能毫无选择地把能量拒绝在外，将自己逼到孤立无援的境地；借由收敛约束生活，让自己不用感受到害怕，结果生命的能量和喜乐，也跟着受累。保护层将生命能量深锁于内，切断感受，也切断了自由流动、生机盎然的创造能量。于是，我们建造了一个严格的信念系统，以保护我们的保护层。

“保护层”会互相吸引

我们和别人的冲突，大多来自我们和对方的保护层互相冲撞。通常我们会遭到拒绝，是因为我们不自觉地以防御行为去接近对方，而不是以内在脆弱敞开的空间。我们可能自以为是敞开的，但事实上，**我们是处在自己的保护层中，等着对方先行敞开，以确保自己的安全。然后，当得不到自以为应得的回报时，便觉得非常愤慨**。

我们经常彼此迷失在保护层中的互动中，又不知哪里有出口。我们一直想要解决问题，然而，通常需要的却是去了解自己处于什么意识状态中。只要是想要去改变别人或影响别人，就都是处在自己的保护层中。这可以包括抱着期待、想去伤害对方、想去掌控、批判、操纵或是改变别人。每当从这样的能量出发时，我们就是在攻击。而攻击会遇上的，不是反击就是退缩。

要检视自己的保护层，实在不是一件容易的事，我们总是会为它辩护。如果没有进行内在成长工作，通常会习惯性地误以为保护层就是我们的求生机制，而难以想象还有别的真实现象存在。但是，不对保护层进行工作的代价是很高的，因为防御行为会把别人推开，心房关闭了起来，觉得孤立无援，生活和能量也因此受到限制。我们希望别人或这个世界会为我们把事物都安排妥当，但当事情不是按照我们所要的发展时，我们不是放弃就是生气。面对着想象的或真实的威胁、压力、批评或判断时，我们会无意识且惯性地自动化反弹。在还没有探索自己的受伤脆弱层时，我们通常都是处在保护层中，会切断感觉，也难以向内去感受自己。我们不是关闭自己的情绪，就是歇斯底里、不可收拾。我们根本不想去打开这个情绪面，因为不想去感受那份痛苦或恐惧。

回家之路

用爱的温柔去感知、亲近自己的伤痛与防御机制，可以带来疗愈。一旦学习到与自己的防御机制联结，而不带批判，或试图改变它们、要它们消失时，就会带来一份深沉的内在变化。相反地，当防御行为出现时，我们可以就只是简单地觉察着：它们是什么时候出现的，伴随着什么感觉，为什么会处于防御状态中。然后，它们自然会开始逐渐地消融。运用同样简单的方式，如果不再否认自己的羞愧和恐惧，而是直接面对它，愿意花时间去感受它，我们的核心层就会开始发光发亮。当我们去探索、肯定和感受中间层的羞愧和惊吓，在它们浮现时，允许自己深潜于这些感受中，我们就可以开始重新联结自己的美丽、力量、独特与珍贵。而且当报复、拒绝、不被赞同的恐惧与罪恶感的负担不再那么沉重时，我们也较能肯定自己的生命能量，而敢于冒更大的险。

疗愈的本质，正如我在本书中密集探讨的，
不过是允许自己全然去面对每个片刻的发生，
并将它联结到身体能量的呈现，不论是流动还是停滞的。

当注意到自己是在外层的防御中时，我们允许自己带着了解且温柔地待在当下，只当它是个能量现象。当我们是在中间的脆弱层时，同样地，允许自己把它当作能量现象去感受它。有伤口不是问题，问题在于不愿碰触它以及缺乏，可以在这上面工作并穿越它的工具和支持。羞愧、恐惧和惊吓都不是诅咒，它们是我们的灵性通道。当我们没有在自己身上这个部分工作时，我们和自己的心的联结是被切断的。去体验自己中间层的恐惧和痛苦，会让自己变得平静柔软，这样的经历会改变我们的能量，深化我们的灵魂。它打开了一个宽广的内在空间，让我们了解：恐惧和痛苦每个人都有，也是我们生命整体的一部分。接纳自己的恐惧和痛苦、不舒服和失望，甚至是悲剧，而不进入对这些痛苦感受的抗拒，让我们对自己的本性打开了一扇门。

与自己更亲密

运用这样的地图作为指引，我们在每个当下，都可以开始去检视并感受自己的意识来自哪个空间。在日常生活中，就可以检视自己是处在保护层、羞愧恐惧层还是在本性核心层中。秘诀是，学着拉开一点距离，去看待这些不同的状态。这在静心修行中就称为

“观照”：只是看着每个片刻里，在意识中升起什么，既不带批判、也不期待改变什么。生活事件会触动内在反弹的扳机，也许有的事件把我们带到保护层，也许带到羞愧和恐惧脆弱层，也许带到欢乐、爱、兴奋和幸福的核心层。作为一位观照者，我们允许自己觉察到这个扳机的触动，感受身体中的感官变化，留意浮现的念头。这样的观照允许我们和自己的内在世界更为亲密。

把本章的概览记在心中，那么我们就可以一起投入这趟疗愈之旅了。

第一部

恐惧和缺乏安全感的根源

第一章　认出恐惧并接受它

——与恐慌的内在小孩为友

恐惧是功能失调、偏见、防御、暴力以及让人崩溃的根源。它藏身于我们相互依存、人际冲突、逃避亲密、自我糟蹋、谋略掌控、刚愎自用以及要求尽善尽美的背后。它有时也隐身在我们逃避新的人、事、物以及不同的思维和生活方式的背后。恐惧也是许多身体疾病的根本原因，像气喘、恐慌症、皮肤过敏、消化问题、慢性病，还有慢性疲劳等症状，以上仅列举几项。恐惧经常阻碍我们活在当下，因而削弱了我们蓬勃旺盛的生命活力。当恐惧支配我们的心智时，我们便无法真实地去体验和享受人生。然而，**恐惧本身并不是问题，是那些没被认出来、没被感觉到、没被接受的恐惧，制造了我们生命的问题**。因此，恢复真我之旅，就从探索自己的恐惧开始。

以恐慌的内在小孩为隐喻

现在我想花一些时间和你一起探索本章所要处理的内在空间。想象一下，你正看着一个饱受惊吓的小孩。这个小孩可能是你认识的，也或许就只是一个孩子。他或她年纪可能很小，正在蹒跚学步，也可能年纪再大一些。请允许自己花一点时间，去感受这个小孩的恐惧。有些事让这个小孩感到害怕，但你不知道是什么，也许连他（或她）自己也不知道。他（或她）并不确定把自己展现出来是否安全，或许他（或她）正倍感威胁，又或许他（或她）正在某种压力或期许中进退维谷。这些都没关系，如果你更亲近地去探看，可能会看到这个小孩眼中有着不信任感、困惑和惊恐。他（或她）也许正环顾着自己该做些什么，他（或她）可能是静不下来、焦躁不安，或者目光闪烁不定、左顾右盼。

其实，**我们每个人都带着一个这样的内在小孩：有着深沉恐惧和缺乏安全感的内在空间**。想象一下身为一个小孩的空间，或去感受一下一个受惊吓小孩的能量，这可以帮助你联结上自己内心深处那个带着深层恐惧及缺乏安全感的内在空间。我们使用“受伤的内在小孩”这个词，因为这对我们非常有帮助，理由包括：

- 它帮助我们倾听自己的内在，那个深深受到惊吓、伤痕累累、年幼无知、敏感脆弱，又不会保卫自己的内心深处。
- 它也是我们意识的一部分，这个意识直接碰触恐惧带来的创伤，感觉事情好像就在眼前或才刚发生不久似的。
- 它也帮助我们重新去看待和感受恐惧，我们原来把那些恐惧藏得好好的，不敢让它现身，因为害怕自己再次受伤。
- 它对我们是有益的，因为当能看到或想象自己的内在住着一个受伤的小孩时，可以反映我们内在的一个真实面向，当需要感觉自己身体的恐惧时就比较容易些。
- 最后，也许也是最重要的，就是这个隐喻很有用，因为它可以让我们和自己的恐惧与惊吓保持一段距离。当我们和恐惧有一小段距离时，不仅能让我们去感受恐惧，还可以得到疗愈。

恐慌的内在小孩会主导我们的生活

如果不带着觉知过日子，我们大部分的行为和思维将被这个活在恐惧中的意识所驱使。喋喋不休的头脑、焦虑的情绪波动、成天劳碌匆忙、无法安住当下，这些大部分人的生活方式，都是受惊吓内在小孩的表现症状。惊吓是造成许多习性和机械式反弹行为的直接因素，比如：突然逃开或长期退缩、爱发脾气或暴怒攻击、喜怒无常、长期上瘾或沉溺于特定行为等。我们在寻找生命困顿的诸多原因时，不时会搞得焦头烂额，但是一旦开始探索自己的恐惧，就能直探源头。

我的个案中有些是维系多年爱情关系的伴侣。他们彼此相爱，但也时有争吵，这些争吵是可预料的：常常是发生在他们被各自的生活压力压得喘不过气的时候。争吵一发生，双方都变得紧张易怒，对彼此的反应都神经兮兮的，而且火力渐增，老觉得自己被另一方迫害，互相数落对方的不是，没完没了，永无宁日。这样的场景对我们许多人而言都再熟悉不过了，根源其实很简单——就是恐惧。当他们争吵时，就是恐惧和恐惧的对决。

我必须穿越自己重重的否定和防御，开始用内在受惊吓小孩的双眼去看待事情和感受它。最后当我终于能体会到受惊吓小孩的感觉时，我也能够理解为何自己会将它掩饰得那么久。要承认自己有那么多内在的恐惧十分不易，这不符合我对自己形象的要求。对我来说，知道恐惧的一些由来是有益的，我也花了许多时间这么做，但是我不可能知道自己恐惧的所有由来。大多数人也是如此。但无论如何，重要的是不再否认自己的恐惧，并且停止一直以来所使用的补偿模式和无意识的防御。我们许多人也靠一些上瘾的行为过日子，来让自己能够避开感受内心紧抓的恐惧。

当我们开始进一步探索自己的恐惧（中圈层）时，自然会开始注意自己一直用来逃避恐惧的方式（外圈层）。年复一年，我自己在所从事的每件事上，都表现得光鲜亮眼、成就斐然，并以此有效地隐蔽自己的恐惧。我内心中那受惊吓的小孩总是乖巧又顺从，但他时常在最“不恰当”的时刻出现，例如，遇到运动比赛、有重要考试，或和人约会时。事实上，他总在我感到压力和紧张的时刻出现，而且当他出现时，我有一种僵住、战栗的感觉。当一个人想赢得网球赛，或想让一位可能共度春宵的女子留下好印象时，整个人僵住是我们最不希望发生的事。

我记得自己这种状况发生过很多次，但有两次别具意义，值得一提。有一次是我参加SAT考试，如果计划在美国读大学，这个考试分数将决定会被哪所学校录取。上大学在我们家族是一种至高无上的荣耀，那时我哥哥已经进了哈佛大学。参加考试时，我超级紧张，而且神经越来越紧绷。没有耐心仔细读题和思考，我开始猜题，希望能赶快进入下一题。那时我紧张到根本无法阅读考卷上的文字。考完知道自己考得不好，回到家觉得又羞愧又沮丧，直接躲进房间，也没有告诉父母怎么回事。

另外一次和一个女孩有关。我大二时，被班上一位非常漂亮的女生所吸引。她那么漂亮，所以我想她是不会考虑跟我约会的。但我还是碰运气地邀约她，想不到她竟然答应了。去接她的路上，我有些惶惶不安，顺势喝了几口室友的威士忌。我并不是一个很能喝的人，喝了两口就有些头昏眼花，我还是设法找到她的宿舍，带她去看一部由我朋友主演的莎士比亚剧。在往戏院的路上，我很难和她好好聊天，因为我觉得自己想说的一切似乎都不够“酷”。看表演时，我的情绪比较和缓一些，因为不必交谈。接着，我们去参加朋友邀请的聚会，而我不安的状况也越来越严重。为了缓和逐渐升高的焦虑，我不断喝着酒桌上的威士忌，使我感到一阵晕眩，就跟她说我想到外面一下。她说要跟我一起出去，我以为她可能是喜欢我，到外面时我吻了她。接着，我就吐了，而且吐个不停，情况凄惨，她还得送我回家。不用说，这当然不会是一段罗曼史的开始。现在，我可以释怀地笑谈此事，但当时我可是一点也笑不出来呢！

现在再来看这些情况，都是冰山一角。我感觉我们的恐惧是更深层又强烈的，我们对于生存有深层的恐惧，像要赚得足够的钱和能够养活自己。我们害怕会有性功能障碍、性无能和阳痿，生怕不再被爱，害怕被拒绝和不被需要。我们害怕不受尊重、受伤害、被忽视、被贬损，害怕面对某个人，害怕不知道自己是谁。我们会害怕不知如何表达自己，害怕自己的生命微不足道。更深层来说，所有的恐惧底层，都藏着对空虚和死亡的恐惧，如影随形。

“情绪的恐惧”和“真实的恐惧”

当我们在恐惧上进行内在工作时，将“真实”的恐惧和“情绪”的恐惧分清楚，这一点十分重要。真实的恐惧，是由一些立即的威胁所引发，不论这些威胁是什么，我们的神经系统都会适时运作，加以应对。而情绪的恐惧，是我们将过去尚未解决的创伤，带到现在的生活情境中，那是我们内在受惊吓小孩的恐惧。今天，当我们感到恐惧时，大部分不是真实的恐惧，而是情绪的恐惧。或者，可以说是深受情绪恐惧影响的真实恐惧。由于受到情绪恐惧的干扰，当我们感觉好像受到威胁时，哪些是真实发生的、哪些是自己想象出来的，就变得难以区分。也正因为带着情绪上的恐惧，让我们无法以适当的、回归中心的、根植于大地的方式处理这些情境。因此，当我们开始探索自身的恐惧时，需要先学习熟知情绪上的恐惧。

受惊吓小孩的四大恐惧

① 压力与期待的恐惧。

② 被拒绝与被遗弃的恐惧。

③ 没有空间、被误解或被忽略的恐惧。

④ 在身体或精神上受虐待或受侵犯的恐惧。

我发现当我敞开心胸及信任，去探索自身的恐惧时，这四种恐惧的其中一种总会出现。和我们一起进行内在工作的人也是如此，这些恐惧在我们生活中无孔不入，包括性意识、创造力、自我主张、感受能力以及我们与爱人、朋友、熟人和权威人士相处的关系。然而，我们已经习惯用尽各种方法来逃避恐惧，而不是和恐惧待在一起，感受着它们。西方世界人们的生活方式，有许多都是用大量补偿的方式来抵抗对恐惧的感受。我们把自己的周遭环境布置得安全享受，避免碰触死亡的议题，这样我们就不必去感受自己在面对未知时是多么的脆弱。我们的文化中，通过父母、教师、宗教人士和政治家，每一位我们敬仰的人都不断地在传递这样的信息。

面对自己的恐惧，我们必须承认它，认出它就在那里，并找出它从何而来。然而，我们的文化制约，使得恐惧无容身之地，从小我们就被教导要隐藏恐惧。我们的文化并不珍视面对自己恐惧的那份诚实，更不了解深层恐惧是如何在文化中灌输到个人内心深处。然而，对于自己碰都还没有碰触到的内在恐惧，我们又如何能表达出来呢？我们会用防御、否认和无意识来掩盖恐惧，并将脆弱隐藏在面具之下，为了生存，必须如此。我们总是想尽办法，并假装一切都很好。我们早已学会如何应付。我们自我催眠维持防御状态，而不去承认内在掩藏了多少恐惧。只要我们还在这种催眠状态下，就会骗自己相信：否认恐惧的存在，会比让恐惧浮出水面，来得不那么痛苦。

带领恐慌的内在小孩从躲藏中走出来

一般来说，我们并没有以爱和悲悯之心去对待自身的恐惧。相反地，我们对待自身恐惧的方式有：

- 假装它并不存在。
- 用补偿方式将它阻挡在外。
- 变成一个受害者，遇到恐惧就去责怪别人、怨天尤人。
- 一感到恐惧就抽身。
- 批判恐惧的出现，视之为脆弱、愚蠢，或不恰当的表现。
- 无意识地退缩，并试图找人来照顾我们恐慌的内在小孩。
- 每当恐惧出现时，就把它推开。

当我们的恐惧被上述途径所遮掩时，我们就创造了一道内在的裂缝。我们内在的一部分，也就是受惊吓的内在小孩，已经藏匿起来了。而我们力求补偿掩饰的成人部分，则不知道去感受恐惧或允许恐惧出现会有什么价值。那些未被认出、没有处理的恐惧，将我们带入深深的孤立中，而我们通常没有察觉。最近，我们在工作坊的体验聚会中，做了一个初步练习，帮助学员联结自己对于亲密的恐惧。我们建议学员和坐在对面的人分享自己，先假设这个人是你的爱人或是亲密的朋友，将你所有的恐惧或没有表达出来的恐惧和这个人分享。过了一会儿，有一名妇女举手说，她找不到任何自己感到害怕的事。

我们做更深层的探究时，妇人承认，她的丈夫很少听她讲话，不是忙着看报纸，就是做其他的事。原来当她还是孩子的时候，就没有人倾听她说话，实际上她也无法想象有人会花时间或有兴趣听她说话。从来没有人那么爱她。深沉无助和无用的感觉，常使她与自己的内在小孩失去联系，她只好调适自己，过着没有任何亲密沟通的生活。由于小时候被剥夺的经验，她只好用一种例行的生存模式来掩盖自己所有的恐惧，我想这也是一个很普遍的现象。

还有一位参加我们工作坊的男子，他对自己的害怕没有感觉，他承认自己在个性上不敢有大胆的行径，但在和别人的关系中，他看不出自己的恐惧何在。（几年前，我正是他这个样儿。）我们也进行一样的分享过程，让学员彼此分享自己的恐惧，结果他是非常制式化、流水账般地描述着他的日常生活。他没有什么亲密生活的经验，所以无法体会和别人亲密分享是什么感觉。他会来参加工作坊是因为婚姻出现危机，但他也搞不清楚究竟出了什么状况。像这样的案例并非罕见，我们和自己受惊吓的内在小孩分离了，而这个内在小孩其实仍留在隐蔽的内心深处，因为出来太不安全了，我们也因此常常和自己的整个情感世界失去联结。工作坊持续地进行，缓慢而谨慎地，他越来越能接触到内在的伤痛，内在那个被温柔所拒绝，在无人可分享情感的环境下长大的内在小男孩。

有时候，做过许多治疗和静心的人仍会发现，他们内在其实藏着更深和更隐秘的恐惧。我和我的许多密友发现，直到我们和所爱的人分离时，才会开始与自己内在的深沉恐惧有所联结。有一位和我们进行内在工作多年的伙伴，他是自律甚严的藏传佛教修行者，两年前有一段感情，直到现在才发现原来他自己有多么需索无度和惊吓过度。因为在过去的亲密关系中他总是反依赖者，想要无拘无束，而且一直抱怨女友的过度需求。现在风水轮流转，变成他要去面对自己隐藏起来的需求面，也就是因需求而感到恐慌的内在小男孩。

我们的恐惧和脆弱就躲在意识的表面下，随时准备好要被唤醒。每当我们允许自己与人亲近，或必须冒险提出创见，或不论用什么方式显露真实的自我时，恐惧就会浮出水面。每当要做一些让自己离开熟悉、安全和已知的事物时，恐惧就会出现。

亲密关系，
或许是我们必须最频繁地面对自己受惊吓内在小孩的舞台，
所以，我们总是逃之夭夭。

然而，如果我们总是活在自我保护的茧里，从未启动自己的能量，从不进入陌生和未知的领域去冒险，我们就永远不能面对埋藏在内心深处的巨大恐惧。如此一来，便会陷入厌烦、挫折和沮丧中，因此我们必须去觉察和承诺，愿意从否认中走出来，并直探自己心不在焉和上瘾的源头，好去认识自己内在受惊吓的小孩。

感受恐惧

与我们内在恐惧（恐慌的内在小孩）联结最容易的方式，就是当恐惧在身体显现时，开始去感受它。这不过是学着去感受伴随恐惧而来的身体感觉。以下是随着恐惧而常见的身体感觉：

- 胸口、背脊、颈部、太阳神经丛、喉咙、腹部，或身体的其他部位感到紧绷压迫。
- 掌心冒汗或是身体其他部位发热，手脚冰冷或是总觉得冷。
- 不自觉地摇晃和发抖。
- 心跳快速。
- 慢性或突发性的疼痛，例如：头痛、胃痛、背痛，或是肌肉酸痛。

- 坐立难安或是摇晃不定，就像喝了太多咖啡因，让神经系统运作加速。
- 呼吸急促或呼吸困难。
- 有消化、便秘、腹泻或胀气的问题。
- 食欲不振或有恶心的感觉。
- 感觉没有支持的力量，或有一种下坠的感觉。
- 感到恐慌袭来。
- 感到不适，或是病恹恹的。

恐惧在每一个人身上出现的状况不尽相同，但是大多数人总会有一两个这些症状。当我开始更加详细观察自己的身体时，对于自己身上与恐惧相关联的感觉竟如此普遍感到惊讶。这帮助我认知到恐惧的显现时常看不出外显征兆。现在，当我仔细察看时，通常能发现自己引发恐惧的扳机，然而恐惧在我们身体内已经存在这么久，有时也看不出来明显的引发原因了。

恐惧的缘起

我们的恐惧有诸多起源，就某方面而言，我们或许永远都不会知道恐惧所有的根源。有些恐惧也许是来自过去的生活，有些也许遗传自家族传承的集体文化。当我们脱离舒适的子宫，进入这个世界时，会经受到极大的惊吓。在我刚出生的那几天，因为某种原因让我不能消化母乳，差点死于营养不良。母亲说我有“新生儿腹泻”症状，但也许我要表达的是“救命啊！让我回到那个温暖又安全的地方吧！”加上我们大多数人出生时离开子宫的过程，都带着原始的惊吓，这就让我们有足够的理由感到害怕。在出生之后，无论遭遇到感情上、身体上或是性方面的虐待，都只是在出生的原始创伤上，雪上加霜而已。我们的童年多少都会经历到剥夺和暴力，缺乏赞同、注意、爱、尊重和关怀，正是我们恐慌的另一个主要来源。我们的内在小孩总在期待，但实际上却也畏惧遭受更多的伤害和遗弃。

深层的生存需求和认同需求没有得到满足时，会造成信任感的丧失。当我们对爱、保护、接纳、肯定和赞同、鼓舞和方向指导等的需求，或对温柔和无条件的爱的需求没有获得满足时，身为一个成年人，仍会带着基本需求没被满足的原始恐惧。童年时期发生对纯真和信赖的打击，将造成我们对生存的基本恐惧。

不幸的是，身为一个孩子，我们尚未发展足够的理性来了解全貌："嗯，我看得出爸妈之间有问题，他们处得不好，看来也没有好好照顾我的意愿。他们实在不该生下我，显然这里得不到我所需要的，我想我还是趁早开溜，找一个对自己更有利的地方吧！"然而很有可能的是，其他地方也是一样糟糕，或是更糟。我们大多数人都有着情感上被剥夺的背景，因此进入到自己的脆弱内在时，会带来极大的混乱、惊慌、恐惧、自我批判、崩溃，有时就是纯粹的恐怖感。这是为什么呢？因为我们的脆弱和纯真在幼年时就受到背叛。

当我更了解深埋在我所有努力之下的是极度脆弱时，我对自己恐慌的原因就越来越清楚。现在，我可以看出：害怕失败和不被赞同、为了不辜负家庭和文化的期望而倍感压力，这些都会带来深层的恐惧，而对于当时还只是个孩子的我来说，必定是一番蹂躏与灾难吧！我比较有觉知的部分再也不会相信凡事一定要成功的那一套文化制约，同时我了解到：**当心爱的人离开我或威胁要离开我时，我还是可以过得很好。但我受惊吓的内在小孩并不完全懂得这些，它仍然不时被相同的旧习气所触动，表现得反复无常。**

远超过所有心理因素所带来的恐慌，事实上最简单又最足以引起我们恐慌的是知道自己终将一死。我们总是一直要面对没有保障、永不确定和终究难逃一死的命运，一切情势都在我们的掌控之外。再大的保险或保护，都无法免除这样的恐惧，在我们的内心深处，对这点都心知肚明。

如果没有一个接纳自己和内在空间的基础，我们所拥有的不过是为补偿行为所掩盖的恐惧。

从受创伤的内在小孩角度来看，脆弱就等于恐慌，是一种被抛弃和被消灭的恐慌。带着察觉、理解和慈悲，就能发现足够的信任空间，去接纳可能造成的伤害、不安全和不可预测的处境。我们的内在小孩就是没有这样的特质，所以我们必须重新找回这些特质，来疗愈受惊吓的内在小孩。然后，我们可以把内在的脆弱本质，从恐慌转化为接纳。

接纳我们的恐惧

要允许且接受自己的恐惧出现，对我而言仍需要很大的勇气和觉知。在我心中仍旧有一些根深蒂固的想法，如果允许恐惧存在，我就不会成功、或有什么作为，我会被认为是软弱无能的，或者这么一来，恐惧就永远没完没了地跟着我。当恐惧来袭，即使已经致力于内在小孩的疗愈工作这么久，我的理智仍无法理解为什么它还在那里，真希望它快快离开。我害怕去感受恐惧、与人分享恐惧，我还是会批判它，而且责备自己有这些感觉。幸好更深层的内在自我知道，允许恐惧存在是很有价值的。

我们总会害怕一旦承认了自己的恐惧，
恐惧就会接管我们的生活甚至主导我们的人生。
但是，唯有走进恐惧，才能赋予自己更多力量，建立更多自尊。

练习：

探索内在受惊吓小孩的各种恐惧

● 让我们回顾一下四个基本的恐惧：

①压力与期待；②拒绝与遗弃；③没有空间、被忽略或被误解；④身体、精神上的虐待和侵犯。

● 仔细思考每一种恐惧，并由衷自问：你有这些恐惧吗？是什么导致它们出现在你现在的生活中？你还记得过去可能导致这些恐惧的原因吗？

● 这些恐惧如何影响着你生活的各个层面——是否影响着你的性生活、看待自己的能力、你的创造力，还有你的亲密关系？

第二章　羞愧

——自我的虚假经验

最近，我参加一个洛杉矶的研讨会，并就近住在叔父、婶婶家。他们俩一直都是我最亲的亲戚，和气慷慨、风趣可爱。多年来，他们总在我艰困之时伸出援手，让我和他们共度愉快时光。这次我们共进晚餐，我的堂弟也从北加州特地赶回来。他分享了一个多年前的故事，那时堂弟邀我婶婶、叔父一同参加成长营，带领的老师曾引导我堂弟和弟妹做了很多内在功课。堂弟提到成长营中一个感受特别强烈的经历。他与他父亲同坐在圆圈的中间，分享一个自己深藏的痛苦，就是他父亲经常爱拿他和住在欧洲的堂兄（就是我和我哥哥）做比较，我们兄弟俩因“事业有成”而在家族中享有光宗耀祖的盛名。他记得父亲是这么说的：“希望你能向他们看齐。”这句话压得他喘不过气来。在工作坊中，我的叔父听着听着落下泪来，并为带给他儿子这个伤痛而道歉。

这次我叔父再次听着这段往事时，他说实在很后悔当时流露出这样的脆弱和情绪。堂弟和我都上前拥抱他并跟他说，事实刚好和他想的相反，他有倾听并感受儿子痛苦的勇气，正是内在力量的展现。堂弟也连忙解释，说叔父那天的表现真是所有父亲的表率，团体中的其他成员都希望自己能有这样的父亲。我也告诉叔父多年以来，他是我的避风港、支持和爱的力量来源，我相信每个人都希望能有像他这样的叔父。结果这顿饭吃到这里，我们四个人竟都泪眼婆娑。我叔父已是这么体贴的人，然而对他自己儿子的表现，还是不免会有深深的羞愧。讽刺的是，虽然我是把堂弟比下去的对象，但堂弟的经历感受也同样活生生适用在我身上，我一样逃不开这种被比较的羞愧感受。

我讲这个故事，一部分是因为它有个美好的结局。我和堂弟各自历练过这么多内在工作之后，都来到生命中一个愉快又充实的境地。这个故事触动我心的另一个原因是，即使我们拥有充满关爱的父母亲，我们内在仍旧不免产生羞愧感。父母会把这个社会对成就、形象、压力和奋斗的认同以及价值观，加诸孩子身上，让孩子感到羞愧。**当我们还是小孩的时候，会以我们的本质受到外界回应的程度，来发展出自信、胆识以及自尊**。这个现象是发生在年幼之时，我们感受到被父母悉心照顾，一举一动被父母看到、听到，受到父母的支持、引导，就算只是一点初露头角，也会让父母引以为傲。但相反的，如果我们被丢进一个不合本性和天赋的模子中，别人的期望和投射不分青红皂白一股脑儿地往我们身上丢，如果天生的活力被内疚和糟糕的感觉给抑压住，如果感受到没有人需要我们，或是自己被人苛刻相待，那么我们自爱、热情、自发和真实的基本核心，将会被自我怀疑、恐惧、缺乏安全感以及自我毁灭给遮蔽掉。

随着时光流逝，我们与自我分离的情况，会越来越严重，越来越深陷于去变成另一个不像自己的人。我们很难去期望父母们能将他们意识里行之有年的价值观、成见、期望和信念放在一旁，就为了能真正地看见他们的孩子。他们有太多恐惧，这也是为何有99%的小孩，会受到羞辱，感到羞愧（或许说99%还算乐观的）。

父亲曾告诉我一个笑话，内容是一个男子到裁缝店订制新装。裁缝师帮他丈量尺寸，并请他下星期再来拿。一星期后，他回到裁缝店拿他的新装。当他在镜前试穿时，发现有一只袖子和一只裤管都太短了，还有腰围也太大了。他对裁缝师指出这些状况，裁缝师看看镜前的他说："其实这件衣服并没什么不对劲，只是你没有好好穿它。你看，首先你的手要伸成这样，腿要伸成这样，还有让肚子鼓起来。很好！你看，现在它非常合身。"可以想见，这个男人是穿着他的新装一跛一跛地离开裁缝店的。当他蹒跚地走在街上时，有两名妇人从他旁边经过，她们窃窃私语地说："你看到那个可怜的残障人士吗？天啊，真是丢脸！""是啊，"另一个人回答。"真是丢脸极了！不过你有注意到他穿的那件漂亮衣服吗？"

我压根不知道这个故事是在讲羞愧感。不用说，我的父亲也同样不知道。我们都是那个走进裁缝店（我们的家庭、文化、学校教育，还有宗教信仰等）的男子，天真又信任人。我们都挑了件不合身的衣服，而且确信一定能够试着把它穿到合身为止。我们也曾蹒跚走在街头上，与自己的能量、真实感受和自我感完全失去联结。站在镜子前面，我们内心深知这件衣服并不适合自己，但是"裁缝师"太有权威了，我们丧失了倾听内在声音的自信。实际上，当羞愧感越来越沉重时，大多数人都会停止倾听内心深处的声音。

什么是羞愧

羞愧基本上是一种无力感，会深深觉得自己是错的、不够好的，或是无能的。有一部精彩的澳洲电影《穆丽尔的婚礼》（Muriel's Wedding）就是在谈论羞愧的好电影。穆丽尔的父亲不断告诉她，她是多么"没用"。这个父亲本身就不正直，在电影结尾时他因贪污而遭到逮捕。她的母亲接受自己蒙羞的人生，二度结婚，嫁给一个在她背后不忠的男人，而穆丽尔的兄弟姐妹也都有功能障碍的问题。穆丽尔就像其他女孩一样，想成为一个受欢迎且有吸引力的女孩，但她得到的，只是一而再、再而三的羞辱。

在羞愧中，我们丧失了以放松和准确的方式来感受自己的能力，
以至于回归于中心的内在感受被空虚感所取代。
我们与生命的鲜活能量失去了接触，无法再相信自己，
并丧失了感受和表达自我的能力。
这股羞愧的暗流一直隐藏于我们的内在。

在记忆深处，我的生命就像一直走在钢索上，两边要保持平衡，一边要求高效率、高成就和非成功不可，而另一边则被羞愧和无能的感觉所淹没。我让自己专心致力于功课、工作和运动，但在心灵深处总是一直有种感觉，就是我“一定做不好”。当我还小的时候，一直想学我哥哥那样。他是个完美（Wonder）的孩子，在整个家族中大家都很重视他，简直就像神话里的传奇英雄。我十年级（高一）时，他获得了哈佛的荣誉奖学金，套句他们教务长的话，他是名副其实“了不起的得奖人”，只差不符救助金的资格。在高中时，他是全校社团的总召集人，也是校刊编辑。毕业时，他囊括了几乎所有的奖项，只少了一项。我坐在观众席中，感到一种撕裂的矛盾痛苦，因为夹杂着与有荣焉之感和相较之下的自惭形秽。

很自然地，我在学校中努力做个好学生，也把目标设定在进入哈佛。直到现在我仍以为自己能进入哈佛的原因，是因为我哥哥在哈佛的校报《哈佛红》（*Harvard Crimson*）为教务长做专访时，让教务长印象深刻。他告诉我哥哥说：“如果他能有你一半好，我们就会录取他。”这就是为什么我认为“自己只有一半好”（我现在知道这是“羞愧的声音”在说话）。整个大学生涯，我仍旧拿自己和哥哥比较，直到最后一年，开始有了变化。在毕业典礼上，教务

长把毕业证书交给我，并问我之后有什么打算。我的家人都吓了一跳，因为我说“不知道”。

后来我终于做出了自己正确的判断，从追求成就的列车下车，到加州参加反文化运动。我开始体验新生活，重新看待生命，也服用一些会改变心智的药物。我住在俄勒冈州和加州伯克利小区，学习瑜伽和冥想，试着让自己的生活更有意义。在做个“嬉皮”的掩护下，我还是感到迷惘、不由自主，和以前一样觉得自己无能。然而，想减轻自己的羞愧感，光是住在小区中吃一些迷幻药是不够的，还需要更多的工作。

当内心有羞愧时，我们会摆荡在自己很棒和很糟的感觉之间。在生活中，当别人对我们有所认可、赞同、成功或接受时，我们会觉得自己很伟大；但当我们遭受失败、拒绝、感受不到尊敬和欣赏时，又会觉得自己很糟糕。我们的自我感靠外在环境的堆砌，相信如果得到渴望的认可、爱、尊敬、赞同、名声、财富，或是期待已久的接纳，日子一定会好过得多，羞愧感也会自动消失。在我了解羞愧以前，曾经永无宁日地一直想努力证明自我的价值，没有意识到还有别种生活方式，也没有察觉到，我试着让自己好过一些的方法，其实都是缘木求鱼。

现在，我认清了羞愧是十分普遍的现象。我们大多数人在照镜子时，马上就面对着自己的羞愧。羞愧带来攻击、批评、谴责、论断的声音，像是“你太老了、不够漂亮、太严肃了、太肥了、太瘦了……”不论那声音在讲什么，我们照镜子时对自己的第一印象，通常都是在批评。我们可能想去修饰所看到的，但却心知肚明这是不可能掩饰的。每个人都有自己觉得特别羞愧的事物，羞愧的程度也不同，但那都是羞愧。重点在于，我们到底是选择疗愈它，还是继续设法避免它、掩饰它、否认它。我到了四十多岁，才开始了解自己带着多少羞愧。在那之前，我竭尽所能地避免去感受自己的不安，或表现出没有安全感。我的目标是“充满干劲”、一定要成功，而且赢得别人的赞同。现在，我知道我为了自尊、认可和赞同，出卖了自己。我也知道当没有感受到自己是活生生的、朝气蓬勃、充满自信时，我是羞愧的。然而，与羞愧同在，会比推开它，或是越过它更有价值。

羞愧的肇因

我们每个人都有自己羞愧的故事，了解自己是如何地受过羞辱，会带来内在对自己深深的悲悯之心。知道自己的故事并不意味着要一直沉溺在责备或痛苦中。当发现自己的纯真和信任受到某种程度的伤害时，我们可能会需要经历一段愤怒和感到被背叛的时期，但疗愈羞愧是一条重要的灵性通道。从不否认羞愧开始，诚实直接地面对，看它是如何发生在我们身上的。

作为一个小孩，在尝试发现自我的过程中，我们不断地看着父母、老师、兄妹这些大人为我们举起的镜子。我们对自我的感受都来自这些镜子的反射。如果镜子反射的是积极的面向，我们是被爱的，我们的创造力和感受是有价值并且受到支持的，我们就形塑了一个强而有力的自我感。例如，如果我们早年对性的探索是受到尊重和支持的；如果在成长的过程中，不论语言或非语言上，都没有学到性是不洁的、错误的或有罪的；又如果我们的父母以健康的态度看待性关系，那么我们性关系的发展也会是健康的。这在其他方面的能量和感受，像愤怒、喜悦、隐私、沉默、悲伤、恐惧或是创造力上，也同样适用。对我们能量和感受最初始的信任，能够建立起内在的根基，是我们安身立命的一个安定之锚，我们凭借着这个信任感与他人和世界互动。这让我们对自己有信心，我们感受到和自己身体的联结，并相信自己对外在现实的评价和响应。

但是，如果镜子反射出拒绝、批评、过高的期望，和我们永远不可能达到的标准，如果镜子告诉我们，我们的价值是基于我们做了多少，那么我们的自我感会破碎不全，羞愧自此而生。当我们是小孩时，感受是如此的敏感脆弱，如此渴望从照顾我们的人身上得到爱与赞同，所以要瓦解我们对自信心的学习，实在不费吹灰之力。我们大多数人在孩童时期，都缺乏资源来支持自己，可以去聆听内在的声音，而不是得聆听周遭的“大人”。因为生存要靠改变自己去适应大人们的愿望，所以我们承接了一个按照父母以及他们生活的文化价值所编写的剧本，对他们来说也许很好，可是对于了解我们自己是谁，却没有帮助。通常我们所接收到的文化制约，都是生活中消极负面和压抑的态度，那是我们父母从他们上一代和文化中接收下来的，就这样一代传一代。

我们所接收的羞愧程度，取决于消极的镜面反射有多强烈，还有它发生得有多早。任何形式的身体虐待，对孩子都是一种极大的羞辱，会深刻地破坏他或她的人际界限，并且使他或她的自我感破碎不全。性虐待（在成人和孩子间任何形式的性关系）的破坏更为严重。性虐待在爱和性之间划下一道深深的混淆和冲突。本书的范围并不包括处理任何虐待的相关细节，这议题在别处已有适当的处理（参见本书的参考书目）。我们的羞愧也来自情绪虐待的诸多形式，比如小时候大人不要我们、接收到父母一方的紧张或不稳情绪、被批评或被羞辱、被施舍恩惠（小孩子实在太不懂事了，一切都要靠大人）、被拿来跟别人比较、被教导要有什么想法和感受、让自己的生命能量受到压抑、在情感上必须照顾父亲或母亲、没有大人注意他的存在、没有人听他讲话、或大人一直给各种建议等（这清单可以一直列下去）。

此处列出一些引起羞愧的常见原因：

- 在情绪上、身体上，或性方面的任何虐待。
- 从父母、老师、宗教人物和其他权威人物那里接收到的消极和压抑的人生态度。
- 小时候不觉得自己有人要、或被人接受。
- 觉得自己被施舍恩惠、贴标签，被当作小孩般地对待，而没有被对等地尊重。
- 常被拿来与兄弟姐妹、其他家族成员、邻居、同学或朋友做比较。
- 被评判、被嘲弄或被羞辱。
- 生命的能量受到压抑。
- 不觉得自己的感觉、意见，或是直觉是有价值的。
- 一直觉得有压力和被期待成为某种人或成为某种并非出于我们自然本性的人物。
- 在家中被操控成要扮演一个不适合的角色，像是照顾者或是代替父母的某一方或双方。

当我第一次接受治疗时，治疗师询问我的童年过得如何。“我小时候过得很不错”，我回答，“我的父母很棒，现在还是一样。我到过世界各地旅行，学习多种外国语言。我的父母很支持我，让我尽可能接受最好的教育。他们真的很关心我。”接着我讲了很长一段话，都与我父母亲积极正向的特质有关。治疗师只是微微地点着头，听我说着。半年后，我有了非常不同的观点。我第一天所说的话全是真的，到现在也没变。但我没看见的是，我的家庭功能实际上失调有多么严重，家人间的关系有多么不和睦以及流于表面，还有在这个抚育我长大的家庭里，我接收了多少创伤。

对于疗愈十分重要的是，能看到并感受到：我们如何为了爱和赞同而自我放弃，同时也要去经历这个痛苦的过程。我们仍旧携带着扶养我们长大的人的负面思考形式。正在萌发的独立个性和真实感受被硬生生地毁损，在这个过程中我们毫无能力招架和回手。为了生存，我们无意识地妥协了，而且大多数人到现在都还这么做。然后，就忘了自己是谁。我们尽心尽力成为好公民、好孩子、好学生、好员工，家中有贡献的一分子，或者就在这样紧张的压力中垮了下来。就算反抗，也只是针对外来力量的一个反弹行为而已。

羞愧很少来自恶意，它大多来自无意识。

大多数父母都缺乏技能和觉察，可以让自己以不令孩子蒙羞的方式来养育小孩，

除非父母做好自身的内在工作，可以不掩饰且感受自身的羞愧感。

多年来，运用羞愧已成为一种普遍接受的养育形式，例如，宗教的抑制、压力、高度期望，甚至是身体的虐待。而这观念将随着时间改变，未来人们将了解到：孩子对自己有一种直觉的知识，孩子所需要的养育方式是能学着去发现自己的这份内在知识，并且信任自己的这种直觉。

羞愧对当下生活的影响

当以羞愧这一自我认同形象来生活时，我们不是夸大自己就是自我贬抑。也就是说，我们不是活在补偿行为中，就是垮了下来。

补偿的状态

许多人都太善于补偿行为了，以至于他们根本完全不知道，自己内在掩饰了阔如汪洋的羞愧。善于补偿行为的人经常感到精疲力竭、缺乏亲密感，容易对可以减低焦虑的物质或活动上瘾。

我们有一个个案的丈夫是富商，名下的饭店和大楼遍及全世界。他享尽奢华，每周末搭直升机飞去智利滑雪，拥有许多地下情人，而且大额交易从没断过。妻子因他的外遇而感到痛心，他总是不在家、两人缺乏亲密关系，但先生却觉得自己的生活方式并没有什么不对，他自认热爱自由并宣称爱自己的太太和小孩，压根儿不想改变这一切。有时我们的补偿行为运作得这么好，所以只有在生活中受到打击的时候，才会有动机往更深的内在检视，可能是面对丧偶、遭到爱人拒绝、财务危机、失业、意外、生病或死亡之时。此时，我们用于避开羞愧的补偿机制就毁于一旦，面对着自己破碎不堪的自尊，等着我们去收拾。这样的自尊永远无法发展健全，因为它奠基于外在，而不是在对内在的了然和内在的力量上。

习惯以补偿行为来掩饰羞愧的人会坚信，这世界只有“胜者”和“败者”。而且他们努力确认自己是“胜者”，并且一直保持“胜者”之姿。很难认出我们内在的痛苦和羞愧感，尤其当我们构建出一种漫天盖地的生活形态，在其中总能成功地不必去感受或处理自己内在的苦痛与羞愧。当我回顾高中和大学那几年时，发现我当时的所作所为似乎都是为了遮掩羞愧所做的补偿行为。我记得由于自己的不耐烦、相信只有大家认同的才算酷的想法，造成许多对别人的羞辱，真是不堪回首。在大学时，我的一个室友企图自杀，因为他活得很不快乐。我不但不能理解他当时的内在经历，甚至还因此批评他。活在补偿行为中的人会习惯性且无意识地去羞辱别人。他们甚至相信他们的羞辱是有正当理由的。

我们也许已经知道自己补偿的模式：可能是运用自己的性感、魅力、才智、抱负、敏捷，也就是任何自己喜爱的自我形象以及让自己能受到瞩目和认同的事。我们会去做任何可以补偿的事，像是强迫行为、上瘾、可自我满足的事，只要可以逃离感受或是可以不必认出内在的羞愧核心，什么事我们都会去做。我发现，通常那些外表看起来最沉着、一切行事都很稳当的人，往往带有最深沉的羞愧创伤。**当我们终于看透所有的补偿行为，而且直视自己的羞愧时，其实是痛苦的，但那也是一种难以言喻的恩典**。对我来说，这就像最后终于能回归到大地来，而且对于我的人生观而言，这也是一股扭转乾坤的巨大力量。我领悟到，一个相信只有“胜者”和“败者”的世界观，代表的是一种紧张和暴力的生活方式。回到自身的羞愧，可以帮助我感受到别人在羞愧中所感受到的痛苦。这让我变得柔软，与人相处时更自然，也更容易与自己共处。

崩垮的状态

当我们被羞辱时，我们内在的某处开始紧缩，而我们也失去了和自己的联系。不再相信自己的情感、知觉和能量，情感不再真实自发地流动，而是变得害羞、迷惘、退缩和没有安全感。我们一直处在充满批判声和谴责声的攻击中，破坏了从羞愧泡沫中走出来的所有努力。无论做什么，永远不够好。在人际关系里，经常感觉不到自己，也无法表达自我。我们觉得自己没有吸引力，没人会喜欢我们，每次被拒绝或被批评时，只会更确信自己的确是没有价值的。我们不断地自我比较，然后总是觉得不足，内心的结越打越紧。到最后，精力就只能垮下去而且找不到出路。这种情形可能变得很糟，甚至起不了床。我记得第一次学习有关羞愧感时，才了解到自己早已视羞愧为理所当然。过去我已习惯于受羞辱的感觉，还不自觉地期待着它的到来，甚至于认为自己蒙羞是活该。

一个被羞愧感击垮的人已经长久妥协惯了，他或她无法想象自己拥有自尊自重的状态。我们的身份认同变成建立在别人的施舍上，以为我们本来就是这样！更糟的是，羞愧会带来更多的羞愧。当我们在羞愧边界游移时，很容易就钻进小丑或乞丐的角色里。我哥哥以前总称我为“错误消息的最佳来源”，因为我为了向人炫耀自己的知识，好让人印象深刻，常常夸夸其谈、口无遮拦。我们会去找到那些让自己感到卑下的人，然后努力得到他们的注意。发现自己会提出令人汗颜的愚蠢论调，结果当别人不同意我们时，我们越觉羞愧。就像不断随着旋涡坠下的痛苦，我们永远甩不掉自己低落的自尊。我还能回想起无数次自己惹来某些人对我的羞辱，我因此而对自己憎恶不已，然而似乎又无法控制它一再地发生。在某些人面前，我觉得自己像是陷在一个被羞辱和被拒绝的循环里，所有想装“酷”的努力都没有用。

羞愧的声音

更进一步而言， 羞愧让我们对自我和生命都抱持强烈的负面信念。这些负面信念已根深蒂固，就算有人想说服我们让我们知道这些负面的想法不是真的，都成不了气候。一些来自羞愧又最常见的负面信念包括：

- “你不能相信任何人。”
- “我对别人没有吸引力。”
- “我很无趣。”

- “我令别人受不了。”
- “如果他们知道我是这样的……他们就不可能会爱我了。”
- “不论我做什么，都会失败。”
- “不论我做什么，一定要做到最好才行。”
- “如果我敞开心胸，可能会被伤害。”
- “我永远不可能得到我想要的，因为我不值得。”
- “我真是太需索无度了。”
- “永远不会有人了解我。”

这些负面的信念会自我应验。它们在思维结构中如此根深蒂固，仿佛这些在生活中都是真的。我们又无意识地传送出这些负面信念，而人们也照此响应。如果相信自己是不可爱的，那就像随身带着一个标志，上面写着“拒绝我吧”。结果通常是，我们真的被拒绝了。我们没有察觉到，是自己的羞愧在影响着别人。我们相信自己就是这样的一个人。负面信念在周遭创造出一种不信任、崩垮和负面的氛围。不断传续，年复一年，在每段关系中流转。

允许羞愧

羞愧让人感到自己无能，当它支配我们的生活时，我们不是活在补偿行为中，就是处于崩垮状态里，而这两种状况都无法回到真实的自我。如果不能认出同时接受自己的羞愧，并对羞愧感做些工作，我们将会不是自暴自弃，就是不断地想证明自己的价值而让自己精疲力竭，我们依然困陷在“丛林”里。然而，一旦开始自我疗愈的内在历程，就会看出羞愧是一种自我的错误概念、一种虚假的身份认同，它建基在负面的制约上，是一种对自己的虚假感受。当我们看透谎言，并开始用一种自然和爱的方式再次体验自我时，整个人生观也会跟着改变。我们的人生，再也不是为了满足那不可能的期望和迎合别人的赞同而活，而是学习放松和对一切心怀感激。

一旦我开始学习什么是羞愧，当它出现在我的情绪能量里、想法和行为中时，我就能认出它来。我认出了“羞愧的念头”，也注意到羞愧如何让能量降低。举例来说：有时我会去慢跑，当一个羞愧的念头闪过脑中，我就会立刻失去继续往前跑的动力；我也注意到我的行为总是受到羞愧的驱使：发问仅是为了得到注意或自我吹捧等。我开始可以认出那些会引发羞愧的特定触发点，像是跟某人在一起时会让自己觉得比较差劲或是无能，又如某人对我们说了些什么，结果我们带着很不舒服的感觉离开。我们去看望家人（这是一个引发羞愧很普遍的触发点），结果过了一阵子，又开始怀疑自己是否真的过得很好。

我太受到羞愧的束缚，以至于常常无法实时做出响应，或在需要设下界限时，无法为自己站出来。我常若无其事地让事情过去，即使内心深处有个小小的声音说：“等一下，这样感觉不对。”在那当下我还是太震惊了，无法做出恰当的响应。把事情淡化对我来说比较容易，我只要认为那是我自己的问题，或是去原谅对方就可以了。结果我的憎恨在内部溃烂，而那已经够低的自尊也就更萎缩了。当我处在一个对我具有威胁的人身边时，我会变得逢迎谄媚，声音卡在喉咙里，到头来只会笨拙地扯一些不相干的话。

要跨出疗愈羞愧创伤的第一步，就是从了解、察觉和接受开始。我们有一段痛苦的过去，已发展出受伤的自我感，并且遗忘了真正的自己，这些都是羞愧的一部分。然而，这趟穿越羞愧之旅，可以为心灵带来深度和悲悯。当认识并感受到自己的羞愧时，也会看见并感受到别人的羞愧。当懂得自己曾经走过的历程时，就会用一种崭新的途径调整自己，好懂得别人的创伤。有一次我去理发，看见一位女子刚做完头发正要离开美容院。我从镜中看到她照镜子后走出去的模样，知道她对自己并不满意。这让我想到多少人活在羞愧中，但是却没能看穿羞愧的谎言。

练习：

探索羞愧

1. 羞愧的经验

下一次当你感到情绪低落、沮丧、自我批判时花点时间感受一下身体的知觉。

- 这种羞愧的经验，实际感觉起来像什么？
- 你如何释放自己这样的情绪能量？
- 什么样的念头会划过你的脑海？
- 在那一刻，你的生命态度是什么？

2. 羞愧的触动

特别注意一下，什么会让你觉得很糟、情绪低落和自我批判？

- 是有人说了什么话吗？
- 是你对于某项你无法胜任的事感到内疚吗？
- 是你觉得遭到某人的拒绝吗？
- 是某件事没有按照你的预期发生吗？

3. 属于自己的羞愧故事

回顾一下自己的生活：

- 还记得你觉得羞愧的那些时刻吗？

- 过去有没有你身边重要的人物，经常批评你？
- 过去有没有你身边重要的人物，你老拿他和你自己做比较？
- 过去有没有你身边重要的人物，会在身体上虐待你？
- 你重要的生命能量：性、愤怒、喜悦、悲伤、创造力……在什么状况下会受到压抑？
- 你的母亲和父亲对于生命抱持着什么样的态度？他们如何看待性、愤怒、热情和喜悦？

第三章　惊吓

——恐惧的冻僵状态

我不记得自己何时开始学习接触惊吓这个情绪，但认识它后确实改变了我的一生。很明显的，我身上有两个部分，彼此之间有很大的差异，一个部分有高度的功能，热情专注、积极而且能干；另一个部分却是冻僵、麻木、出神和颓丧的。这两个部分彼此关系相当不良，积极的部分没有耐心，而且对消极的部分采取批判的态度，消极的部分则是对积极的部分不信任。自然我会在别人身上投射同样的分裂情形。如果我正处于积极状态，我便会批判那些我所认识处于冻僵状态的人是懒散、放纵的。当有人惊吓到我时，我会批评他（或她）神经质、粗鲁迟钝且不通情理。

在学习接触惊吓这个情绪之前，我总认为自己出现冻僵状态是因为自己出了什么问题。我觉得自己根本不健全，是个懦夫，没办法在充满挑战的环境里表现得坚强；也没办法承受任何压力，而且无法面对任何对我不满的人。现在，我知道这样的惊吓情绪是很平常的。羞愧感以及随之而来的内在批判的声音，会逐渐腐蚀我们的活力及自尊。羞愧和我们对自己的看法与感受，以及我们的信念、行为和表达自己的方法有关。然而，惊吓对我们的心灵打击至深，甚至会影响到生理机能——也就是身体对外界的反应方式。要知道，虽然羞愧也影响能量，但惊吓的影响似乎更深入要害。

惊吓的征兆

当我们处在惊吓状态中，通常会无法思考，无法感觉，无法行动，也无法说话。

当惊吓浮现时，我们总希望能保持正常表现，但由于惊吓的力量过于强大以至于无法如愿，除了与它共处之外，实在别无他法。我们会想表现得力量集中、专心沉着、冷静镇定，可是就是没有办法。越是谴责自己无法如愿，就越陷入惊吓的情绪。我现在终于了解过去许多带给我痛苦的情境，有些到现在还是一样痛苦，是因为当我处于惊吓的状态中时却不自知。焦虑的表现就是惊吓的一种征兆：在考试中停顿无法作答，在网球比赛中肌肉僵硬，心脏跳动太快，在感受或预计到压力时全身冰冷或直冒冷汗，持续潜在的焦虑， 太阳神经丛（胃部） 紧绷，这些全是惊吓的征兆，在这些情况当中，我会觉得身体背叛了我自己。

每个人受到惊吓的症状都不一样，但还是可以给一个明确的共通症状清单——困惑、出神、无法记忆、急速的脉搏、冒汗、没有头绪、麻木、无法言语、胸闷、呼吸困难、冒冷汗、手心冒汗、产生强烈的畏惧或不幸感、恐慌或是恐惧袭上心头。有时候我们可以找出惊吓发生的原因，但通常它仍是一个不容易探知的秘密。

虽然惊吓会导致如此的伤害与灾难，但仍有其价值，特别是对精神灵性上的追寻来说。惊吓是一个唤醒意识的召唤。当我开始意识到，过去和现在的自己处于惊吓的时间竟然是如此长久而频繁时，我也越清楚自己有多敏感。我们都是这么的敏感。

惊吓引起我们去注意灵魂中不可思议的灵敏，也引起我们关注周遭和内在的无意识状态。它将我们牵引出被保护、封闭和孤立的世界，促使我们活得更有自觉。它唤醒我们对生活的原始敏感，并让我们远离自身的惯性、制约以及无意识。它唤醒了我们的脆弱。

惊吓的缘起

我们是以一种精致敏感的状态来到这个世上，那种纯真坦然的状态是无法想象的。由于这样的敏感总是遭遇严苛又恼人的能量，我们便进入惊吓的反应状态。现在为了要了解惊吓，必须让自己回到孩提时内在的纯真、接纳、坦然开放和信任状态，来往外瞧这个不熟悉又陌生的世界。在如此纯然开放的状态下，我们和这个世界相逢。我们接收环境里所有的振动，不论它是什么，也许是母亲紧张的情绪，也许是父亲压抑的情绪或是抒发的怒气，甚至是父母对彼此的吼叫，全都感受得到，这些都会让我们陷入更深的惊吓，也可能是在身体上或性方面的粗鲁施暴。但就在这早年单纯的时期，我们甚至可以感受到最细微的负面情绪，而且它就像暴力一般，打击着我们的存在。

我想在我出生时，就已经处于惊吓状态了。我无法消化母亲的奶水，差点因脱水而死。医学上有一个特别的名称叫作“初生婴儿吸收不良综合征”。然而，我认为当时或许我要表达的是：“我在这里干吗啊？我想要回到那个温暖又安全的地方！” 好像有个身体还不够吓人，又得增加另一个惊吓，就是从子宫钻出，来到一个光亮的房间，还有个医生拍打我们的屁股。在这种纯真无知的状态下，我们根本无从去了解或接收这种粗鲁的能量。每一个人因为自己与生俱来的差异能力，在遭遇此类能量时会产生不同的结果。不论我们身在何处，我们所处的社会都无法配合我们的敏感。**当我们学着应付生活时，也就是在学习掩盖自己的敏感度**。我们变得对于内在这个历经许多适应过程的纯真小孩越来越冷漠无情。而当我们回复自己原始的敏感时，也同时揭露了自己这份惊吓的情绪。

不一定需要，也未必可能了解我们为何进入惊吓。重要的是肯定这些经验的价值，了解惊吓并非出自我们身上的缺陷，而是由于过去那些发生在我们身上具体又真实的创伤。有一些当下的能量，如愤怒、压力或拒绝，触动了一个内在反应，这样的反应原是植根于早期经历过的类似能量。

触动惊吓的扳机

以我从事惊吓的内在工作经验来看，发现惊吓有很多可能的来源，而且我们每个人或多或少都有不同的体验。如果在当下生活中遭遇到一个和过去发生原始惊吓一样的能量时，我们会再一次陷入惊吓，我们称这些经验为“触动惊吓的扳机”。

1. 明显或隐晦的暴力

这可以是愤怒、敌意、批评、责难，任何时候我们只要感到受虐待、被利用、被不公平对待、被侵害或暴力相向，甚至不需要这些真正地发生，只要稍稍感觉到它，我们就已经进入惊吓的情绪。大多数人在童年时期都曾经历过别人显露或未显露的愤怒，它可能来自任何人——父母、兄弟姐妹、老师或同学。在还没有开始洞察自己的制约之前，无法觉察到自己真正遭遇到的是愤怒的情绪。还有一个同样暴戾的情形，就是有人将他们的主张、道德观和意见强加在我们身上，尤其是那些我们视为权威的人士；很多人还是小孩的时候，就被教导该思考什么、该如何感受和表现等。如果过去曾有过这类的创伤，现在就很容易被散发自信及实力的人影响。我知道这对我一直是个会触动强大惊吓的扳机，由于我自己的羞愧和惊吓，让我在这样的人面前，很容易就怀疑起自己的想法、行为和感受。

2．压力和期待

只要是在竞争的场面里，我就会感受到它，而且屡试不爽。如果我早些了解惊吓，也许就不用老是陷入“我失败了”的悲苦中。大多数人都已经接收了过去外在或潜在的所有压力和期待，以至于现在不希望再有任何人将这些东西加诸自己身上。我们都处于自己所属的压力锅中（任何延长寿命的方法、有机食品、维生素，甚至连占星术都无法将它移除）。面对成长环境中这样高度竞争且父权化的社会，我们的内在小孩也许早在预期长大后要应付这样的世界时，就已经陷入惊吓了。

3．遭受拒绝、深度失落或是被遗弃

许多人也许不晓得、也不记得自己被遗弃的伤口从何而来，我会在下一章作更深入的说明。说再见已经够痛苦了，如果又跟被拒绝的感受结合，就更容易唤起惊吓。不论是痛失挚爱，还是结束一段亲密关系，这些失落的经验会在我们内心打开一个位置，让我们进入内在受伤小孩的苦痛核心里。如此不仅面对自己内在的伤口，更要面对心灵深处存在的那份空虚。

4．责难或批评

事实上，这是一种口头的暴力。因为大多数人都已经习惯生活在被责难的恐惧和经验中，以至于我们把它看成是理所当然的，不知道它带给我们多深的惊吓。我们很多行为都是为了避免被批评，或是对批评的反抗。“被批评的创伤”“高度的期许”和“批评”

本身，都已深深进入内在，并且融合成一个严苛的内在批评者。当我们面对失败的威胁以及被批评时，会深感惊吓、功能失调，而且暗中糟蹋自己。于是所害怕的失败和批评（来自外在或自己内在的），变成了自我应验的预言。

5. 混淆的信息

举例来说，我们总是被告知该去做对自己最有利的事，也就是在潜在信息的暗示下，去做被期望做的事。诸如此类的混淆信息会造成深度的惊吓情绪，因为我们无法找到可遵循的方向，而且会不再信任自己的感觉。内在小孩开始将外在世界视为令人困惑又危险的地方，感受不到自己内在或是外在世界的任何意义。

6. 无法预期、不合理的或歇斯底里的行为

几年前，我和一个人交往，她在生气或沮丧时，会歇斯底里、口出恶言。当时我对受伤的内在小孩不甚明白，也不了解这样的行为从何而来以及我是如何挑起它的。我唯一知道的是，我得离开，我觉得我的内心深处已经接近疯狂。她说的任何话似乎都没有意义，而我说的话也不能改变什么。那实在是个梦魇，我也因此变得有些麻木。我的个案和工作坊的学员们都曾分享过类似经验：从童年开始，父母之一对他们就有过如此不理性以及歇斯底里的反应。如果父母其中一人或两人都是酗酒者、吸毒者，非常情绪化或脾气阴晴不定，我们就会进入惊吓，因为他们没有稳定的行为让我们可以信赖依靠，我们已经失去基本需求中的安全感和确定感，内心世界开始崩溃。

惊吓的影响——功能失调的根源

惊吓可以影响我们的能量中心，并且造成该生活领域上的功能失调。举例来说，我们会有性方面的惊吓，以致深深影响对性的接受和感受能力。来自童年的创伤，特别是性方面的虐待，总是深深掩藏于无意识中，使得我们在面对和性相关的情境时会满心恐惧。我在工作中发现这类的惊吓很普遍，而且每个人会有不同方式的呈现。我们也可能在没有任何性方面伤痛的情况下，却有性功能的障碍。这就只是惊吓的情绪反应在“性”这个部分罢了。焦虑的表现、性冷淡、性行为障碍、早泄或阳痿，都是惊吓通过第一个能量中心（性能量中心）来显露自己。

惊吓另一个显露自己的方式，是让自己完全处在生存威胁的恐惧中，变得思想固执、行为僵化，做事没有弹性。早期环境充满生存恐惧的孩子，将会沾染上这种恐惧的力量，即使长大后再没有感到恐惧的理由，早期的经验还是会支配他（或她）往后的成人生活。

被遗弃的惊吓显露自己的方式，是在第二个中心表现出功能不良。害怕被拒绝或被遗弃的恐惧，来自早期情感上或身体上被遗弃的经验，这样的经验会导致我们日后很难去感觉自己的情绪，或敞开自己与别人分享情绪。由于过于害怕再次冒感受早期被拒绝的痛苦的风险，因而退回到自己的世界里。同样地，这通常也是一种无意识的状态，所以我们不会由自己情绪联结上的困难，联想到要去感受被遗弃的惊吓情绪。要懂得孤立并非自然状态，就需要去了解惊吓。

太阳神经丛的惊吓会影响到我们对愤怒的感觉和表现及展现自信的能力，它可能来自我们早年生活中所遭遇的某些外显或隐晦的生理或情绪暴力。而现在，表达自己的主张变成一个极困难又可怕的挑战。只要我们的太阳神经丛曾受过惊吓的影响，就需要相当的耐心和毅力去克服这样的恐惧——敢于确认自己的感觉，敢于确定地表达自己。我第一次面对这方面的惊吓，冒了个小险去设下界限并表达自己的主张时，整个身体都在颤抖，尤其是必须面对我所害怕的人。太阳神经系统的惊吓有个更精确的说法，即无法感受“自我”及其中的独特性。

惊吓也会在我们的喉咙中心显露自己，我们会无法清楚地表达自己，在表现创意上也有困难。我们可以感受到它，就像那些话和能量都哽在喉咙一般。也许是当我们于孩提想表达自己的时候，没有人支持我们，一直被批评，被羞辱或受外人施惠，使得现在当我们面对挑战、试着去表达自己时，很容易便会陷入惊吓。

如果我们于此刻揽镜自照，也许会发觉惊吓的证据，特别是在左眼，我们可以察觉到一种茫然的凝视，即使已用尽所有的防御方式来隐藏和掩饰，双眼仍是惊吓表现的最明显证据。我们甚至可以从那些生活“机能”几乎都表现良好的人的眼里，发现惊吓的影子。惊吓可以发生得很早，并且在还没发觉之前，就已造成莫大的困扰。虽然它深深地埋藏在无意识中，但是只要开始了解惊吓如何在身体和行为中显露自己，我们就会开始对惊吓和对自己更加敏感。

我想起几年前发生的一件事：当时我住在印度，才刚开始要认识我的惊吓情绪，一些住在同一小区的熟识朋友家里都有固定的夜晚聚会，因为那些人的缘故，这样的聚会就变成夜晚最“流行”的去处，即使我对主办者有几分畏惧，我还是想加入。有一晚，在聚会里的一段“趣味”游戏时间当中，我被众人推上去配合活动演出。当我离开时有一种被强暴的感觉，我相当自责于自己怎么没有当场反应，并维护自己的尊严。现在我了解在那个情况下，我是陷入了惊吓，想不出该说什么，想说的都说不出口。我本来就对这种拥挤的场合感到不舒服，但又不敢完全相信自己的感觉，所以事实上，在去之前我就已经陷入某种程度的惊吓。羞愧的感觉导致惊吓，而惊吓又导致更加的羞愧，慢慢就形成了一个非常痛苦的恶性循环。

惊吓的补偿行为

我们早已学会用许多方法去掩饰惊吓，就像掩饰羞愧感一样。可以留意自己如何不去感受内在的惊慌，以便认出自己的补偿方法，通常是躁进、生气、呆若木鸡或退避到内心深处。如同对待羞愧一样，我们可能终其一生都用补偿的方式带过而不求甚解，所以要和惊吓产生联结总是不易。我们从来不晓得内心深处感受到的害怕与焦虑，是脆弱正处于惊吓状态的一种信号。我认为整套西方文化，正是掩饰大量惊吓情绪的补偿机制，而且无处不在。压力和成就表现似乎成为西方文化的主流价值，人与人之间相处的暴戾之气无孔不入且不易察觉。我们每天光是看报纸或听政客在胡言乱语就够了。一旦唤醒了自己敏感且脆弱的内心世界，我们就能开始了解自己始终一直在经历的事情。

惊吓如何将我们带离自己的中心

惊吓的情绪让我们游离了自己，这样的痛苦巨大到让我们游离身体，和自己的能量失去联结，结果，我们也远离了自己的中心。当没有活在自己的中心或自己的能量当中时，会感到内在的空洞，而因为这会造成内在的不舒服感，所以我们会试着从外在找些东西来填补这个空洞，因此导致共依存的状态：依赖别人、物质、活动、想象、权力和性……只要可以不去感受自己内在的全然恐慌，任何事物都行。

更有甚者，当处于羞愧或惊吓状态时，就无法与人沟通或清楚地表达自己。这种情形发生时，我们便会迷失在人群之中，不知道自己是谁，要的是什么，或是有什么感觉。我们感觉到空虚，活得很无助，相信是自己缺乏找寻自我的资源，人际关系变得像意大利面条，越煮越糊烂，逐渐没了界限，没了自我。我们试图借由切断关系、争取更多空间，或从对方身上需索更多能量来掩饰补偿自己。我们把问题都推诿到人际关系或对方的身上。然而，要脱离这个梦魇的唯一方法，就是开始去疗愈惊吓，去认出它、和它共处并感觉它。

我们有悲悯自己的天赋

惊吓的情绪一旦触发，就连自己也无法说服自己脱离惊吓。许多人都有眼睁睁看着自己丧失活力、表现失常、自我糟蹋，却又无能为力的挫败经验。在陷入惊吓状态时试着完成某件事，事情似乎只会每况愈下、越弄越糟，即使是从内或由外而生的一丁点儿压力，都会带来更深的惊吓。

在人际关系中，通常会有一方带着较多的惊吓，或是至少在某个领域中带着较多的惊吓。如果惊吓发生在性行为或是沟通上，陷入惊吓的一方会封闭自己，并退缩回自己的内在，却又不知原因为何。而另一方会有被遗弃的感觉，变得没耐心且易怒。这是因为害怕面对恐惧，然而，恐惧却是真实地发生着，只是被以不同的方式呈现出来。而这只会加深对方的惊吓罢了。当其中一方想向另一方需索某种能量时，这种旋涡向下、双双沉沦的状况就会发生。如果我们对惊吓一无所知，又不开始确认并好好处理这样的经验，那只会制造更多的误解和距离。

借着觉察和感受惊吓，我已学会当它涌现时去认出它来，因为惊吓来得突然又无可预知，我无法总是能实时捕捉到它，但我知道身在其中的滋味，也知道这感觉就是惊吓。当惊吓来袭时，我无计可施，只能与之共处，接受它、感受它，并看看是什么触动了它。

练习：

亲近自己惊吓的情绪

在惊吓上工作，有两个重点：

1. 目前生活中的惊吓

惊吓如何影响着我们目前的生活？你个人的惊吓症状是什么？

- 什么事会触动你的惊吓？
- 当你陷于惊吓时，你对自己会有什么批判？
- 你如何掩饰、补偿这样的惊吓？

我们建议，就当作一个练习，列出你自己的惊吓症状，并找出会触动你陷入惊吓的事情。检视一下，你通常如何试着避免陷入惊吓以及当你陷入惊吓时有何批判。

2. 过去的惊吓经验

揭露自己受到惊吓的历史，会为你带来巨大的慈悲。但这是个需要耐心和悉心呵护的细腻历程，能有位专业人士陪你一同经历，可能会让你更觉得有安全感。当你开始探索自己的故事时，想象自己回到童年的环境，却拥有现在成人的觉知、资源、力量和了解，接着你就可以问：

- 什么事会触动你的惊吓？
- 在你小时候的环境中，有什么曾经惊吓到你？

- 父亲或母亲是否曾经惊吓到你?
- 小时候的学校环境中，有什么曾经惊吓到你?
- 你曾经接收到对你有所期待的信息是什么?

许多人在处理惊吓情绪时，会开始回忆以及梦到性或身体上的受虐，这些是他们过去封锁在意识深层的记忆。许多童年最痛苦的创伤经验仍然残存在我们的记忆深处，我们应非常小心翼翼地在一个安全且提供支持的环境里，来处理这类的经验。

第四章　被遗弃的创伤

——穿越挫折与悲伤，放下并感受幸福

有时候我们会让工作坊的学员，分享“向某人敞开自己”时最害怕的经验。**对大多数人而言，最害怕的是被拒绝的经验**。虽然我们很想以开诚布公的心理面对他人或是生活，但却又害怕因此而受伤。我们一直在保护自己避免受这样的伤害，而现在，当再度敞开自己最脆弱的地方时，我们会想确保自己不再受伤，不想再次尝到那样的苦痛：被背叛、被遗弃，基本需求无法满足，或是再度心碎。

这里便产生了矛盾。我们想敞开自己又不想被伤害，不幸的是，现实不能保证我们不会受伤。

相反地，如果选择敞开自己，就会有可能被遗弃、被背叛或是被剥夺。无论对方再怎么有爱心和同情心，他（或她）都不可能填补我们内心的空洞。我们会在生活及爱情里一再地创造开启这个伤痛的经验，因为我们必须完全深刻地穿透这个伤痛才行。它似乎变成一个可以通往内心深处以及深入接受内在孤独的门户，但同时想到要进入这份伤痛之中，也会令人感到极度的害怕。

被遗弃的经验打开通往内在的空间

我能清楚地回想起好几次生命中被遗弃的经验，我料想多数人都可以。第一次正是大学毕业不久，我在大学毕业的前两年一直和一个女孩交往，而这也是我人生中的重要初恋。在那之前，我对亲

密关系的意义一点头绪也没有，虽然她耐心地教导我，但我想我却花了许多时间在担心如何捍卫我的“自由”。大学毕业后，我们各奔东西，她进了法律研究所，我则是成了一名促进家庭和谐组织的义工。虽然我俩有种默契知道恋情结束了，然而分手时我还是掉进了黑暗的深渊。我完全不晓得为何会这样，或是发生了什么事，我只知道自己陷入了全然的失落、寂寞和绝望之中。它开启了我的内在空间，而这空间似乎和这个分手事件或这段感情一点关系也没有。我花了整整一年的时间才算从伤痛中走出来，但经过这次之后，我已不再是过去的那个自己，内心深处有个意义深长的东西已全然改变，就好像我是第一次参与人类这个种族，有种生而为人的感觉。在那之前，我觉得自己只是忙东忙西的，没有去感觉任何事情，只是关心事务的进展而已。

数年后，当我再度经历类似的经验时，我决定寻求治疗师的帮助。我经历过孩提时被剥夺的感觉，这感觉在我和爱人分手时又再度触动。这样的经验也让我与自己的内在空间有所接触，但这次不是心理学上的空间，那是位于太阳神经丛中的一个空洞，让我觉得既陌生又震惊。每天早上起来，我都有种不知道自己是谁的感觉。我虽然了解，也曾经历过分离合沮丧，但这次却不同。我意识到自己进入了一个所有寻求真理的人都必须经历的空间：一份感受虚无的空间。持续探索这个空间，让我越发能接受它，越能感受到它的广阔无垠。了解它，并把它放在灵性的脉络让我能更深入它，且创造出更多内在空间。这个经验会引起不舒服的感觉，如同先前的经验一样，我的内在似乎又再次产生某种改变，有件事不一样了：我更多的恐惧浮出表面，更易被触动，但也有更多空间让我可以待在自己的脆弱里。

被遗弃和被剥夺——只是程度轻重之别

无论我们喜欢与否，人生中总会有带来被遗弃的伤痛和空虚的境遇。它们各自的轻重程度和方式都不同，也许是在爱人离开或是所爱去世时，或是赋予我们人生意义的重心消逝时。在得不到我们想要的、期待的，或以为可从某人那里得到东西时，也会再遇到这种被遗弃的伤痛。这种被遗弃感最不明显，但最常发生，可能自己也不知道正在接触被遗弃的伤痛。

每当有这样的经验时，就会进入一个缺口，那是一个我们总是会用否定和补偿行为去掩饰的内在空间。它有可能会因为遭遇到挫折、刺激、失望或是被打败，而终于敞开来。被遗弃、被剥夺以及空虚感，乃是面对相同伤痛的三种不同感受，也是使内在空洞可以开启的三种不同路径，每一个面向都能让我们更深入了解这个历程。

被遗弃

我们的童年都有过身体或情绪上被遗弃的经验，那份伤痛是如此地无法抗拒，以致我们将它深埋在无意识中。我们的生命能量会试图从这样的伤痛攻势中复原，然而，在我们重新意识到这些儿时经验之前，疗愈是不会发生的。我们得设法再度打开这个伤口，最普遍的做法是从亲密关系开始，当我们经历到失落或被拒时，便已再度创造被遗弃的伤痛。事实上，我们避免亲密关系的主因，正是因为害怕再次经历被遗弃。与其冒这样的险，不如保持淡淡的关系，或让关系变得戏剧化，或者制造一些冲突。我们会无意识地避免掉需要敞开信任的关系，也避免掉早已忘却的儿时背叛经验。发现自己反依赖的人格竟然是逃避的伎俩，用来掩盖内心深处的恐惧，令我震惊不已（也极具启示）。

对于我们受伤的内在小孩来说（换言之，就是最原始、无意识的内在空间），被遗弃带来巨大的“不被抚养”的恐惧。例如，当爱人离开我们，或是威胁要离开我们，或怀疑他（或她）已有外遇时，我们就得面对早已埋藏在心中的那无意识被遗弃的回忆。对内在小孩而言，就不只是爱人将离开或已离开的问题而已，而是像父亲或母亲离开了自己，或情感上得不到他们的爱——那是非理性的，而且非常吓人。这对我们内在小孩的惊骇，还是跟我们小时候一样有威力（要记得，每当伤痛发生时，我们的内在小孩就会回来）。这份恐惧会在我们的身体上显露它自己，并带来生理上的病痛。它还会影响我们的梦境，在日常生活中制造许多麻烦，让我们害怕自己会无法应付。我们对于自己被遗弃的经验越是没有觉知意识，它就越会在我们的身体上反映出来。

当经验被拒绝时，同时得去处理所有因被拒绝所触发的羞愧感，它让我们觉得自己没有价值。因为这两种伤痛如此相关，所以它们同时袭击着我们。我记得在自己生命中曾遇到好几次被遗弃的危机，当时的苦恼使得我的脑袋充满所有可以想到的对自己的批判，而身体则是恐慌得不得了。我们不知想象过多少次，自己的爱人正在跟别人做爱，不但拿自己去做比较，而且在各方面都还居于劣势？只要兴起任何的不安全感，都会觉得那是千真万确的。每次见到前任的情人或是他（或她）的新情人时，就是一个令人羞愧的梦魇。有时候需要花上数个月，才能让那些恐惧的症状和自我批判的脑袋平静下来。

但是，我深信在意识的更高层次里，我们确实创造了被遗弃的危机，好让自己进入更深的意识层次。作为真理的追寻者，被遗弃的经验是为了让我们能接受一个全然崭新的视野。对我们的内在小孩而言，这是遗弃；但对内在的修行而言，这是个入口，让我们进入迟早要面对的空虚。面对它，可以打开一个深刻的信任空间，并且开始对存在臣服。

被剥夺

被剥夺是被遗弃的一种形式，只是程度上比较起来，这是一种长期无法得到我们想要或期望的状态。当我们说话时别人没有专心听，或是我们没有获得想要的时间、注意、支持和联系，都算是被剥夺。我们每个人都有自己的被剥夺的特殊伤痛，这需要看小时候需求没有被满足的经验是因为什么。如果想知道自己被剥夺的故事，所需要做的就是问问自己：现在生活中有什么事让自己觉得有被背叛，或是被剥夺的感觉？我所受到被剥夺的最大伤害是觉得自己没有被看见、没有被尊重、没有受到承认，或觉得自己不是被支持，而是被控制和操弄。我可以将这种感受直接联结到儿时的经验。

我们会在自己所有的重要关系中，反复创造自己特有的被剥夺模式。爱人（还有亲密朋友）会用类似我们小时候被对待的方式来对待我们，也会以类似的方式来剥夺我们。我们会说："他们怎么可以这样？""毕竟，他们应该要爱我们，而不是剥夺我们！"然而，就如我们被迫要重演自己被遗弃的经验一样，我们也会重演被剥夺的经验。虽然爱人未必就会离开，但我们会在这样的关系中重演自己被剥夺的故事。如果不能认出这点，我们会为此感到愤怒、沮丧或是发狂。

在被剥夺的经验中，隐藏着一个意义深远的教导。亲密关系本身就蕴涵着会不断与被剥夺的经验相遇。不管是和谁，朋友或爱人，在相互间保持承诺且深刻的长期关系中，我们总会一直面临得不到的挫折感与挑战。难道这就意味着我们没有遇到“对的人”，或是我们该换个对象了吗？也许是吧！但无论我们是和谁关系深厚，早晚都会有遇到挫折和失望的时候。当我们正处于被剥夺的感受，觉得自己没有得到“所需要的”的时候，只有两个选择：可以选择脱离这段关系，这本来就是我们的自由；或者，可以选择进入自己的内心世界，去感受那正好被打开的被遗弃或被剥夺的伤痛。但是，想要去改变对方绝对不是应有的选项，这只会把对方推得更远，而且重要的是，那只是避免感受自己伤痛和挫折的伎俩。

我用一个简单的存在能量图像来描绘这个选择：想象三个同心圆，在外圈当中，我们把焦点放在外界和对方身上，不断试着改变外圈，或找一些分散注意力的方式避开自己的感觉。外圈代表着我们所有逃避感觉的机制，是任性的内在小孩所使用的伎俩，包括：报复、尖酸刻薄、抛弃、控制、轻视、批判、责备、狂怒、威吓、切断、甩开、扮演受害者、制造冲突和放弃等。外圈也代表我们的沉溺、上瘾和屈从。

在中间圈，我们遭遇被遗弃的伤痛。我们已不再试图操控外在情境或是他人来减轻自己的焦虑。我们选择去感觉，伴随着这个选择，我们同时邀请了与创伤有关的感觉浮现，可能会是挫折、焦虑和恐慌、空虚、寂寞、绝望、无助、担忧、分离的伤害和痛楚，甚至是对上帝或存在本身的愤怒。处在外圈时，我们陷入无止境的努力，想要控制或改变外在世界，好让我们不会感到痛苦。而在中间这一圈，我们则接受痛苦并感觉它。

最后，圆圈的核心层，代表着我们臣服于被遗弃的伤痛，愿意去感受这份伤痛时，会发生的状况。我们会被回报以全然深刻的满足感受，生命的展开、放松、放下，甚至幸福的感觉。这样的情况不是马上发生，也不是按照我们的期望和时间表，但它就是发生了。

通常在我们终于决定要进入伤痛去体验它时，生命已经伤痕累累了。当爱人让我们失望时，例如，没有符合我们意识或潜意识的期待，我们便会期望对方改变。我们交替活在期望和绝望两种情绪中，还会将受到的挫折，投射到某个倒霉的人身上。我们会去斥责那个人，然后继续幻想着总有什么可以改变对方的事会发生。通常对于这种被剥夺的创伤，我们从未有意识地面对它的伤痛，即使最后终于放弃了要改变眼前这个人的企图，我们会另觅他人，另启炉灶，继续这样的游戏。

但是，当受到伤痛的严重打击，像亲爱的人拒绝了我们，或是去世，生命就重新给了一次经验，让我们再也无法避开伤痛的感觉。我们被迫去感觉它，无路可逃。那种压倒性的恐惧，大到几乎无法抵挡。经验告诉我：难以面对的是那份恐惧而不是痛苦，一旦从恐惧中活过来，就已经用某种方式创造了内在空间，能去感受失落的痛苦和相伴随的羞愧感。不过为了克服这个恐惧，我需要支持和指引。

面对被剥夺的感觉一直是我最大的挑战。我喜欢分析人，并且告诉他们哪里不对劲，好让他们可以因我而改变。我的第一个并且几乎是强迫的反应，是让自己介入别人的生活，特别是阿曼娜，而且在我的想法里，我确信自己百分之百是对的。这有点像是小狗不愿放弃嘴上的骨头一般。幸运的是，阿曼娜根本不吃这一套。无论我如何对她劝说，让她知道她哪里不对、哪里需要改变，她总是将问题再丢回来给我。我努力了一阵子，试着让她看见“真相”，一直到最后我放弃了，才开始愿意花时间去感受那痛苦。当最终真正和某个人坠入情网时，我们根本不会考虑离开，只能感受其中的伤痛，别无选择，也许这就是亲密关系最美好的特质之一吧！

空虚感

就被遗弃和被剥夺的心理经验来看，重演儿时的苦痛，是一种空虚的经验。在经历失落时，也会触发这样的空虚感。就在这个空虚的空间里，我们经历生命意义的全然失落。当探索得更深时，这样的经验好像一直在那里等着我们，因为我们执着在这么多不真实的事物上找寻意义。当这些事物开始破灭时，就会产生一个令人惊骇的裂缝。我知道自己相当依附于所扮演的角色和所堆砌的自我形象，但就在看透的片刻里，我了解到这一切的肤浅。我也让自己保持忙碌和工作满档的状态，有些真的是热衷于创造力和活力，但有些是为了掩盖空虚感。

走上内在工作这条路，自然不可避免地会带领我们脱离对角色的依附，对物质的纠缠和对忙碌的执着，而迫使我们进入空虚感中，这会带来许多恐惧，因为通常找不到替代品。我的师父不断地告诫：**在静心的路上如果想获得自由，一定要穿越这个内在空间**。这就是神秘主义者所谓“灵魂的暗夜”。在这些时刻里，我和师父的联结以及他的教诲，成了我最大的支持，因为我知道他曾真正走过那黑暗的空间，而他也持续鼓励我，不论多么痛苦和艰难，都要保持精进。

来自遗弃创伤的阴影

被遗弃的伤痛，是失望背后的阴影。但是，当没有觉知这点时，很容易迷失在抱怨和责备中，让脑袋持续这种想法。我想分享自己人生中一个刻骨铭心的例子：1990年那一年，我的师父过世，那时候我和他以及他的社区，有超过十年以上的密切互动。他的骤逝对我们很多人都是个极大的惊吓。我们在这条内在工作的路上已经接触很深了，但是我的感觉是，整体而言，我们都还未接触到惊吓的深度以及惊吓如何呈现在我们的生活中。

对于他的去世和我们自己原始被遗弃的伤痛两者间的关联，当时在我们这个团体中尚无集体的共识。普遍探讨的都是："根本没有死亡这回事""他给了我们所需要的一切，接下来可以靠自己了。"之类的话题。虽然都是事实，但似乎少了点什么。大伙儿被遗弃的内在痛苦开始间接地外显它自己：一直抱怨师父不在以后，社区是如何经营的。由于他离去得太突然而感到被背叛，回忆过往且沉溺在过去与师父相处的感伤情绪中。我也有其中的一些反应，但这也帮助我了解到，所有这些状况都是原始被遗弃的伤痛被触动了。无论何时，当我们与某个人很亲近，但又体会到失落时，这样的伤口就会打开，并召唤着我们去感受它。

我们内在的修行者而非内在小孩，可以进行伤痛的疗愈

当被内在受伤小孩的意识所接管时（我将会在下一章讨论这主题），我们就没有可以用来处理和经历这些伤痛的能量，而只会感到惊慌。当伤痛被触动时，如羞愧、惊吓或是被遗弃的感受，我们需要联结另一个内在空间，这个空间可叫作"内在修行者"，它确实拥有处理这些伤痛的能力。这个"内在修行者"可以提供空间和距离，让我们应付强烈涌现的恐惧。它能够洞悉正在发生的事以及这件事对内在成长的重要性。我们的内在修行者，可以帮助我们不要马上陷入受惊吓的内在小孩，或是感到惊慌失措，无意识地反弹出惯性行为。

当爱人或人生不能符合期待时，通常我们的第一个反应是责备、抱怨，或是整个人垮下来、全然放弃。在这种反应下，只会有更多的愤怒、挫折，也许还有一份绝望和无助。这些是由于我们正在经历着被剥夺和被遗弃而引起的感受。事实上，这也是许多爱人之间发生冲突的原因，嫉妒的本质正是被遗弃的记忆再度燃起。例如，你和爱人之间有一段美好的关系，但因某种理由，他（或她）的热切大不如前，你感到被剥夺并且反映出来，发生在当下的被剥夺感触动了过去被剥夺的经验，伤痛就此引发。被剥夺感时常会涌现，例如我们无法得到性方面的满足时，或是无法达成期望时，性需求会触动内在最原始的感觉。

我最近正和一对遭遇此类问题的夫妻进行个案咨询。妻子觉得丈夫在做爱时不够敏感，以至于让她感到受伤和愤怒，丈夫则是因为妻子的抱怨而生气，甚至觉得他的活力及热情都被浇熄了。一直到深入了解后才发觉，原来妻子童年时曾遭受过性的虐待，当妻子感到先生动作太粗鲁时，伤痛就被触动。在丈夫的部分，他从小是由高度控制欲及高度期许的母亲教养成长，当妻子阻止他并且抱怨他不够敏感时，他就会觉得受到控制和批评，他们彼此都在触动及拉扯对方的伤口。

对一个无助、纯真、完全依赖的小孩来说，任何辱骂、不耐烦和疏于照顾，都会导致被遗弃的感觉。我们在其中经历了“没人理我”“没人满足我的基本需求”，这就造成了惊吓。就算现在已经长大成人，现实上也足以照顾这些基本生活，然而当伤口打开时，内在小孩就只会记得之前那种漫天盖地席卷而来的恐惧，这也是为什么我们极力逃避敞开这个伤口的原因。

要追溯这种伤口的根源通常不易，对于那些曾被父母一方或双方抛弃的人，或是那些曾遭受身体或性方面虐待的人来说，伤痛的原因是比较明显的，但对其他人来说，就未必那么清楚了。我一直无法找出自己被剥夺经验的缘起，直到开始接受治疗数年后，才慢慢发现在每个重要的成长阶段中，我都有深受剥夺创伤之苦的经历。

为了疗愈我们受伤的内在小孩，找出当初创伤是如何发生的，并不是最重要的事。重要的是承认它真的发生过，并认出它对我们生活的影响，特别是对人际关系。可以确定的是，惊吓和被遗弃对每个人的伤害虽然各不相同，但基本上我们都身在同一条船上。有些人可能已经找到比较有效的方式去掩盖、否认或是弥补这些伤痛，但其实我们都携带着这些伤痛，选择面对它而不是逃避它，需要相当大的勇气。

面对伤痛

我提供一些对我自己有用的建议，来协助在遗弃的伤痛上进行疗愈工作。

1. 觉察（了解）共依存的结构

这是个觉察，当受挫、失望或陷入绝望之时，被遗弃的伤口会被触动，而这是存在将伤口带回给我们照顾的途径，好让我们有机会可以疗愈它。

基本上，我们所有共依存的课题，主要都来自被遗弃的伤痛。反弹行为和内在的任性小孩是我们的生存伎俩，想去控制、支配和操控别人的努力，都只不过是在掩饰被遗弃的伤痛罢了，这个体会将给我们如何和别人互动带来根本的改变。在无意识里，我们都希望能遇到一个人，满足过去童年未能满足的需求。虽然理性的成人部分知道这是不可能的，但内在的小孩却从未放弃这样的希望，并且会将希望无意识地投射到爱人和生活的各个层面。当开始感受到自己的需求未满足时，被遗弃的伤痛就被触动了。

就我自己的经验，了解这所有的感觉只不过是来自遗弃的创伤而已，而且我们无法疗愈自己感受不到与理解不了的事情，了解这两点对我非常有用。对内在小孩而言，现在发生的是一个真实的被遗弃，实在无法把触动的事件和感受的源头加以分辨。当它发生时，也实在太具杀伤力而无法去感受它。虽然伤痛是现在被触动的，但内在小孩似乎感受到与过去同样强度的痛苦。庆幸的是，我们已经不是小孩，如今我们已可以寻求资源，得到疗愈。

2．接受恐惧和痛苦并给予它们空间

当伤痛降临时，我们越坦然面对它，就越容易穿越它。如果我们对生活的期望是不需理会这些伤痛，反而是在自找麻烦。借着关系的建立来逃避空虚也不会奏效，因为我们是借它来逃离自己。如果生活态度中把排斥痛苦当成是生命的一部分，那会招致更多的苦痛而非疗愈，当恐惧和痛苦发生时，也没有内在空间可以穿越它们。这个情形在与爱人的关系中最严重，由于太过相信浪漫爱情，我们潜意识地相信，或许小时候得不到的可以在爱人身上获得。事实上，我们的深层意识却有某种截然不同的想法。它希望我们得到自由，而得到自由的唯一方法是，穿越被遗弃、被剥夺和空虚的恐惧与苦痛。

在蜜月期里，眼前的一切事物都是美好的，爱人也是所渴求的完美化身，然而，等到蜜月期一过，就不可避免地要面对失望。失望发生的面向可以是性的问题、亲密关系的问题、无意识作祟的问题、才智匹配的问题、精神契合的问题……不可胜数。真正麻烦的是，可能我们会有一段时间活在否认或调适中，而心底深处却正在累积怨恨，这些怨恨会以各种间接方式表达，像是尖酸讽刺、评头论足或微妙的报复行动。就这样一直下去，关系变得越来越令人难以忍受。我们发觉自己开始向朋友抱怨爱人的不是，或将怨恨用身体或情绪的暴力攻击，直接发泄出来。也许我们最终离开了这段关系，而且深信必须离开的原因，是因为那个人无法满足我们的需求。

我们一直错过机会去了解，每一段关系都可能以某种方式唤起我们被遗弃和被剥夺的感受。没有人可以填满我们内在的空洞。有觉知地体验这被遗弃和被剥夺的痛苦，正是能慢慢填补内在空洞的方法，并有助于接受自己的孤单。通常第一次体会到孤单时，往往体验到的是被剥夺的感受。生活中的失望和挫折总是显而易见，特别是在关系当中。存在的意义不是为了活着去满足期望，而是让自己自由。我们却常常在顽固抵抗。亲密关系带来滋养，却也带来痛苦。只有愿意全然面对这个事实，才能在爱情生活中和谐，并且优雅地航行在生命的旅程中。疗愈伤痛是通往深度自我的大门。除非被剥夺的伤痛获得疗愈，完全接受自己的孤单，否则我们将无法自由，了解这点帮助我们在伤口打开时，不再如此抗拒。

3. 寻求外在支持

当伤口打开时，极度的焦虑也会出现。有时候，灰暗的想法和寂寞感就如无底洞一般袭来，没完没了，我们还害怕自己会疯掉或自杀。我们会陷入深深的沮丧，极度自责，彻底的否定和不信任感让生活变成黑白。触动的状况越强烈，显现的症状就越严重。遇到这种关头，我会冒险向外求援以得到些力量，不是期望有人可以结束这个苦痛，但至少让自己感觉不至于如此孤单。许多人在孤立中感受自己的苦痛，加深了我们以为一定要独自面对痛苦的信念。这是一种孤单的假象，是退缩而非展开，是恐惧、不信任，而非信任。从内在传来一个声音说：“当我承受着这种痛苦时，没有人能帮我。”或者“我是个负担”之类的话。但是疗愈正是来自受伤时能向外伸手求援。一旦我有勇气向外求援时，大部分的恐惧就都消散了。

4．运用静心的一些帮助

有一个简单的技巧，就是花点时间坐下来，缓缓呼吸，这似乎能帮助发展内在觉知，了解痛苦期将会过去。“这个痛苦曾经来过，也已然渡过，这一次也一样会过去！”在我的经验中，每渡过一关，下次就更容易。每次穿越了那个痛苦，我就越有能量，不会觉得这么孤立，更有内在空间去感受，并和焦虑与痛苦同在。

从寂寞到单独

面对着大大小小被遗弃、被剥夺以及空虚的感觉，就是在面对着寂寞，面对着宇宙间感觉非常孤独的内在空间，没有人保护，没有人爱，没有人关心，这是一个我们一点都不想进入的黑洞。当我正处在被遗弃的痛苦中时，我都感受不到单独（aloneness）的喜悦与自由，至少一开始时是没有的。我处于恐惧和痛苦中，并借由反依赖巧妙地躲掉了这份痛苦。因为放手去爱会招致失落的痛苦，所以我封闭自己，不去体验那样的苦痛，这样比较安全。但如此一来就必须过着没有爱的生活，痛苦仍会以某种方式在伤害着我们。然而，如果穿越痛苦，痛苦就解除了；相反地，如果逃避它，它会一辈子在生活中徘徊不去。所以，没有任何方式可以逃避得了爱的痛苦。

从根本上来说，我们内心都有一个深深的渴望：想被填补，想成为完整的。被遗弃及被剥夺的痛苦，不过是打开了我们常投射在爱人身上的深度渴望，没有一位爱人能够涵盖或满足这些渴望。这些渴望是生命本质中最深层的部分，因为我们都渴望回到源头，而源头正处于精神追求的核心，只是，我们却错把追求放在别人身上。被遗弃的感觉触动了这个渴望，我们常觉得这样的渴望是令人害怕的寂寞，但其实这样的寂寞只是我们从开始感受寂寞，到最终享受单独的转变期，从中我们还能重新找回生命中的内在幸福和信任。但我们首先感受到的，不是广博的爱，也不是生命的奥秘地带和生命的目的，而是强烈沉重且黑暗的浪潮。如果童年时不曾有过被遗弃的经历，上述的情形也就不会发生。但因为我们都曾经遭遇过类似经历，所以得穿越这个转变时期。

我们的寂寞感，原来是内在灵性道路失去了浪漫和理想。当伤痛来临时，我们有如在壕沟中奋战。它很痛，我们所有的意识无不想逃避它。在愿意去面对这伤痛以前，我们会一直感受到痛苦、失望以及期望和愤怒下产生的挫折。生命历程无法深刻或幸福，因为关系只是表面肤浅的，其实内在累积了一堆怨恨。但只要撤回别人可以满足我们期望的投射，我们就能真诚地和对方分享发现真相的心路历程。在那之前，爱人并不只是朋友，他（或她）还是我们投射来减轻自己痛苦的对象。

练习：

与被遗弃的伤痛共处

想象一个最近让你感到被剥夺或被遗弃的情境，你与爱人或要好的朋友在一起，却不能得到你所想要的一个生活境遇。

- 是什么触动了你的不安？你是如何感受到被剥夺和被遗弃？

什么是你预期该得到而却没得到的？是性、沟通、开放、能量、金钱、支持、指引、温暖、碰触，还是体贴地对待？

- 你对这样的挫折有什么反应？
- 你用什么策略试着使他人改变？责备、操控、报复、控制、抱怨，还是分析？
- 有些想放弃的策略吗？
- 什么是你潜在的根本感受？伤心、愤怒、绝望，还是无助？

第二部

孩童意识状态如何操控我们的生活

第五章　反弹行为、任性、不切实际的幻想

——孩童意识状态的特质

有些人因为早期的某种创伤，导致活力、自发性、信任感、纯真无邪、喜乐等特质，都被不信任、没有安全感以及恐惧所覆盖。由于没有优先选择去面对恐惧和不安全感，并对此进行工作，我们的意识会轻易地就被恐慌的内在小孩所接管。而恐慌的内在小孩除了运用所有的聪明与精力，设法将恐惧赶走之外，别无他法。内在小孩会因恐惧而有所行动与反应，因为它没有感受恐惧的能力，只想赶快摆脱恐惧，越快越好。

我们称这个内在小孩的空间为“孩童意识状态”。这种意识状态的基础是恐惧与羞愧，它是情绪化、反弹和充满期待的。为了弥补这样的惊恐，我们变得很政治化。能量直接朝外，无意识地尽可能去满足内在小孩的需求。结果我们变得爱操纵、控制、苛求、报复、算计、耍诈、讨好、发怒，或去做任何行得通的伎俩。我们从小就将这些伎俩发展得完美无缺。处于孩童意识状态中，除了容易有反弹行为、任性、情绪化之外，还爱做梦、爱幻想、凡事理想化，不愿直接面对现实。

就像得不到想要东西的小孩一样，我们会因内在的不舒服感而不由自主地对外做出破坏性的举动，这是反弹行为的部分。我们会觉得理直气壮、理所当然地这么做，这是任性的部分。再加上我们并不去看见和面对真实的状况，而是盲目地希望生活会提供所有需要、会按我们希望的方式对待我们，这是幻想的部分。在孩童意识

状态中，我们专注于存活之道，觉得自己一定得赶紧设法得到自己所需。不这么做的话，就会活不下去的。在孩童意识状态中，学会用“丛林思考”法则去求生存，就是要懂得竞争和奋斗。我们心中充满了生气、害怕、急迫感，要得到自己想要的，而且马上就要。宛如一个受到剥夺和惊吓、迫不及待要满足自己需求的小孩，我们透过这样的双眸，向外界张望和反应。

孩童意识状态的外显行为

在很小的时候，我们就了解到除了自己以外，没有人会照顾我们内在最深的需求。我们成为自己内在受惊小孩的警戒保护者，将注意力与知觉放在外在世界，学习控制与操纵周遭事物，尽一切力量保持自身安全。就算不是对大多数人，但对许多人而言，这似乎是个生死存亡的问题。自然地，依据所遭受不当对待的方式与程度，我们会发展出不同形态的反弹行为，包括各种反应、伎俩和行事风格。在这样的能量里，我们会不计代价地保持警戒，保护内在的脆弱，不让它感受到痛苦、失望或失落。

当我开始探索自己内在小孩的反弹行为时，对于自己的发现，我感到相当震惊与尴尬，原来自己充满了这么多不信任、受伤、生气和自我防御。内心深处，我不相信有人会在那里帮助我。就算一点微不足道的失望，也会让我退回到自己熟悉的洞穴里。我带着未显露的愤怒退缩，当对方没有给我想要的时，就退回自己的洞穴去伤害他。我最深的期待是，爱人或密友能立刻了解我，不用多说就会体贴地善待我。如果情况不是这样，我就感到被背叛和生气。

从内在小孩的观点，要生存一定得靠自己发展出来的生存策略和保护措施才行。在我们所生存的世界中，就是要靠苛求、操控和控制等策略，才能得到所需。我们算计可以从他人身上得到什么想要的。我们扮演拯救者，透过控制、操纵，让别人依赖、感激我们。也可以扮演受害者，让别人心里感觉抱歉和内疚，好去控制他们。我们也会扮演暴君，只要运用恐惧的心理就能压制和控制别人。我们就像小孩似的，想要什么就要什么；得不到时，就像小孩一样耍赖。只是现在成年人的我们，成了一个心智复杂的怪物。我们期望、责备、抱怨、需求、操纵、生气、狂怒、不悦、发牢骚，还用诡计报复，用身体、语言或性方面的暴力去攻击。我们会理直气壮地切断关系，或开始吹毛求疵、痛加批判，觉得自己的行为情有可原。无法看到自己的行为充满怨恨，是源于过去没有得到所需时留下的伤害和恐慌。

我们所有的行为都显示自己缺乏对别人的尊重。例如，没有为别人着想而让人等了很久才出现、没有经过别人的同意就把别人的食物吃掉、期待别人为我们付账或忘记我们欠别人钱、留下一堆烂摊子让别人去收拾，这些行为都出于孩童意识状态。埋怨事情不如预期，但也不负起责任去改善；遇到困难时容易被激怒；允许别人去完成任务，等到事情达不到我们的预期时，又只会责怪他们。

所有这些行为都掩藏着内在很深的恐惧及脆弱。由于需求得不到满足，我们时而怨怼；由于期待无法一一实现，又时而恼怒失望。在失望时，我们真的感受到被遗弃，这触动了小时候所有的失望感受，像是没有被爱、被了解、被接受和被赞同。但是，我们并没有去感受这个痛苦，反而是凭直觉做出反弹行为，并大加挞伐。反弹的核心在于不愿去感受期待落空的恐惧和痛苦。

孩童意识状态的亲密关系

开始了解孩童意识状态时，会为亲密关系的冲突带来一线曙光。当我们的需求与欲望与他人冲突时，会进入一种原始的恐惧状态，害怕得不到想要的东西。再加上没有办法沟通，因此而直接进入反弹。这让我想起了个案中有一对情侣，恋爱生活满是冲突。女方觉得男方总是迟钝又有暴力倾向，而男方则有被女方掌控的感觉，因为女方对他颐指气使。他们彼此无法聆听对方的心声。他们无法知道冲突的原因，因为如果不能理解到底发生了什么事，他们就只能看到对方是自己内在受惊吓小孩的一个威胁。

依据我们过去的经验，逃脱这种困境的唯一方式，是开始去探究我们的孩童意识状态，并问自己：

- 在我们的期望与反弹的背后，有什么样的恐惧？
- 我的感受是什么？
- 我一直想要的是什么？

通常我们没兴趣花时间问自己这些问题，并深入了解。我们只是立即地反弹。不幸的是，因为信任感已经破坏殆尽，所以我们在表达自己时，总是既期待又怕受伤，觉得自己的需求根本不会受重视，充满防御和猜疑。这样的期望，不幸地会强化需求无法满足的经验和信念，但这其实是因为我们先把别人推开了。结果是我们得不到需要的爱和支持，心中恐惧的负担又更加沉重。就是这种紧张为爱人们带来了许多冲突、上演了许多戏码，让我们的人生过得如此悲惨。

当我们进入一种关系时，不太有线索预知摆在眼前的会是什么。可能的场景会是遇到某个人，然后坠入情网。看起来是两个成人彼此爱慕，但在绮丽的恋情下，却有另一种风格迥异的剧情正在酝酿。表面上，双方都以至诚善意去爱与被爱，彼此分享、沟通以及滋养。然而每个人的内在同时也是一个受伤的小孩，对爱有强烈的渴求，也藏有一个带着强烈恐惧与期待的内心世界。一旦进入关系，这个内在小孩就会开始浮现。他（或她）向外看，然后对自己说："嗯！有个人在那里对我说：'我爱你，这有可能吗？'"这个内在小孩也许并不习惯被爱，真正地被爱。自然他会有点怀疑。内在的小孩会问自己："这个人真的爱我吗？我得好好瞧一瞧。"

我们心中有个篮子，小时候所有无法满足的需求，都装在这个篮子里。通常我们早已把这个篮子储存在内心很深的底层，把它忘了。事实上，我们可能甚至也搞不清楚需求是什么了。但当我们开始相爱时，这整篮的记忆被唤醒，而我们贮存在那个记忆篮中所有期望被爱的秘密，都现出原形。所以我们（无意识地）开始一段小小的内心底层之旅，重新寻找这个篮子。当我们找到它时，就告诉自己："嘿！这个人说她爱我，我得试试她。我要试8号的。"（8号需求不是个很大的需求。）

因为这只是个小小的需求，情人会心甘情愿地尽可能满足我们。毕竟这就是所谓的爱，不是吗？然后爱人也会伸手在她的篮子里，拿出一个她的需求提出来。这种彼此拿出自己篮中需求的游戏，要玩上一阵子。我们越熟悉和享受从自己的篮子翻找出需求，并让对方来满足我们的需求，则期待的胃口也会随之越来越大。毕竟，为了这些需求能被满足，我们已经等了半辈子了。最后，我们的胃口会奇大无比，像"我希望你总是陪在我身边"或是"我希望你要给我空间，但是你不可以离开我，或是去和别人约会"。

很不幸地，所有这些信息的发出，都不知不觉又隐晦不明，渐渐地，失望和被背叛的感受逐渐增长。我们甚至可能不知道自己抱着这些期望，但却可以意识到有一股挫折、痛苦和失望的暗流正在滋长。每个人对于这种失望之情的反应都不同，有人可能会切断关系、抽身离开、责备对方、大发雷霆，或者口出恶言。迟早我们会将在父母身上得不到满足的需求，一股脑儿都丢给爱人。然后麻烦就开始了，因为在内心深处，我们期盼爱应该是能满足需求，对方应该能保护我们免于恐惧与痛苦。这就是爱，我们一直是这么认为的。两个满是害怕、需索、要求与期望的无意识小孩，纠缠在一起，创造了空前的混乱。这两个受伤又匮乏的小孩，面对彼此，既不能相互理解，也不能满足对方的需索。

他们不是带着自己的脆弱去靠近对方，而是带着自己任性的内在小孩。我们可能多年来一直背负着所有的恐惧和未满足的需求，却否认它们、压缩它们，但又无意识地抱着期望，希望有一天这些需求会被满足。每当我们对一个人产生信任时，就会认为自己已经打开了心房，所以对方应该满足我们的需求。在这种状况中，我们好像戴着一副眼镜，遮盖着自己的视野。透过这样的眼镜所看到的，不再是爱人，而是投射出自己从未拥有过、又极度想要的父母。诡异的是，期望犹如鼬鼠身上的臭味，我们这样做不会满足我们内在小孩的需求，只会让任性和反弹行为成功地推开自己深沉渴望的爱，使我们更加陷入绝望和惊慌之中。

孩童意识状态不懂得关系的界限

接下来我会探索更多有关界限的课题。但现在我想先说明界限为何与孩童意识状态有关。处在孩童意识状态里，我们不懂、也不会分辨如何尊重界限，包括自己的和别人的界限。这种现象源于小时候，自己的空间和完整性没有受到尊重。在恐惧的控制下，我们无意识地侵犯自己的空间，因为害怕被人拒绝、侵犯、虐待和不被赞同。或者我们会侵犯别人的空间，因为我们惊慌盲目地要满足自己的需求，以至于除了自己想要的以外，什么也看不见。所以在关系中，我们时常侵犯别人，也受别人侵犯。

1. 受到侵犯

当我们还是小孩时，还没有能力去建立自尊和自重以保障自己的空间，让别人侵犯到我们时能知进退。在我们的工作坊中，讨论到原来我们在这么多的情况下让别人侵犯了自己的界限时，许多人还很惊讶，原来他们有权利去保护这些界限。在我们内心深处有个信念，就是我们不值得拥有自己的空间，我们不断压缩自己的能量、矮化自己、否认自己的能力，或对自己的无能感到愧疚。这是很痛苦的，而且会存积大量的内在怨恨。

在内心深处我们知道，我们没有允许自己活出自己的潜能。我们这么害怕显露自己，以免别人拒绝我们、对我们生气，或不了解我们。当我们被侵犯时，很容易去责备别人的任性和迟钝，而没有看见自己的任性。我花了许多时间，才看清这种情况下，被侵犯的人是一个受害者。他（或她）带着一种非语言且往往是无意识的期待，希望自己不必说出来或做什么，别人就会尊重他的空间。

克劳德是个轻易允许别人侵犯他的典型例子。他发现每当他接触人时，特别是在自己的亲密关系中，尊重自己的需求对他而言是个大问题。虽然他相当有创意、充满精力，但与人相处时却害羞谦卑，容易屈服。他发现与爱人相处时，他会太敏感于要去满足对方的需求。在尽量满足对方的需求中，他和自己的需求失去联结。他会担心害怕别人的反应，特别是女人生他的气或拒绝他。

在与爱人相处一段时间后，他开始因为爱人不再对他体贴而含怨，甚至有被背叛的感觉。不能理解为什么对方不够爱他，不能对他的感觉和需求敏感一点，应该不必等他开口就知道他要什么才对。他憎恨自己付出这么多，却总是被人占便宜，也看见自己一而再、再而三地重复这样的行为模式。他最后下的结论是，自己必须对人有更多的信任与信心，最后他们将会更懂得尊重他的感觉。（一个漫长的等待。）

2．侵犯别人

从另一个极端来看，当被惊慌的内在小孩接管时（这可能是个长期现象），我们可能是一位罪行严重的空间侵犯者。我们只会踩过别人，去得到自己想要的，并且相信：不是我们得到，就是被别人抢去。这个信念深埋在求生存的无意识恐惧里，而且通常会以对社会常规的遵从来掩饰这个信念。我们常常甚至不知道自己正在侵犯别人，也不觉得自己对别人是暴力相向。

卡拉是个典型的任意而为的侵犯者。她29岁，身材高挑，是位动人的金发美女，精明又能干，却利用自己的性吸引力和自信魅力去得到所求。人们会因为她的动人魅力而愿与她在一起，被她的性感、精力、魅力所吸引，但也对她的操控感到不安。她自己需要许多挥洒的空间，但却不敏感于别人的空间或需求，只想掌控别人而不想了解别人。当有人鼓起勇气去反对她时，她就会责怪他们平日只会退缩压抑、墨守成规，而没有觉察到自己如何运用权力和性去控制别人。她批判别人不是太软弱，就是太情绪化，只因她害怕如果自己的脆弱浮现的话，她会无法在这世上存活，而且会被别人支配和控制。她留意到别人在背后抱怨她，情人对她的强硬以及麻木不仁十分反感。但她自己仍继续寻找借口，责备他们不能了解她。

反弹行为与任性而为都是破坏者

要让自己看到或感觉到自己任性的内在小孩，实在不容易。我们可以很容易看到别人任性的内在小孩，但却不愿反过来观照自己的内在小孩。但是了解自己这个部分相当重要，否则它会逐渐毁坏我们的生活。处于反弹行为和任性行为时，我们会破坏爱情、自尊与内在成长。爱情的破坏，基本上是因自己的态度与行为是自我中心、不尊重他人的。失去自尊，是因为知道自己任性而为时，对自己或别人都很不尊重。我们也因此破坏了内在的成长，因为在这个空间里，我们的焦点全然地往外，看能从外在世界得到什么我们想要的，或者当我们得不到时，就往外在去责备。

幻想/退缩的内在小孩

我认识一个人，他一直在寻找新的成长途径。每找到一个新途径，都视为是自己烦恼和生命问题的解决之道。每位新师傅都正是他梦寐以求的那一位，可以为他热切的提问，给出终极的智慧解答。每过一阵子，他就会打电话给我，告诉我他最近的灵修心得，滔滔不绝地说着他新师傅的殊胜之处。然后再过一阵子，当他开始看到自己这次一头栽入的局限时，他又显出疲惫不堪、索然无味的样子，然后继续寻找下一个目标。

我们也有类似的倾向。我们天生的热情、纯真与信任是美好的，但也是幼稚的。处于孩童意识状态中，很容易进入这种幻想的空间。幻想的内在小孩永远都在追求着什么，或是追寻可以仰慕、理想化的对象，好将我们的力量和责任都双手奉送，不管是老师、印度宗师、上司、治疗师、爱人，还是朋友。处于孩童意识状态中时，我们不相信自己可以有信心、资源或智慧去为自己做决定，也不信任自己的想法、感觉和洞见。处于这种心智状态，很容易被别人所左右和操控。

这个带着不切实际幻想的内在小孩，对别人和对生活的态度会有一种盲目和孩子气的信任，虽然想法很天真可爱，但总是背离现实。它（内在小孩）不愿去看清事实，这个世界不是他或她所想象中应该的那样。去接受这个现实世界和别人的真实面目是麻木不仁、没有觉知、暴力的，这样的觉悟会带来难以承受的痛苦。当我们带着内在小孩不切实际的幻想，期望别人都会按照我们所希望的那样去做时，我们只会感觉到一次又一次、永无止境地被背叛。当我们戴上粉红色眼镜，想象这世界就如童话世界一般的梦幻美好，或是一直把自己的权力奉送给某个会给我们解答的人，这其实是在剥夺自己重要的权力和自尊。孩童意识状态会想找个爱人来驱走我们害怕的寂寞，会请位老师来为我们解答、驱除害怕；自己缺乏的才能与自信，则通过投射在别人身上而拥有。问题当然不在于去找到一位爱人、治疗师或师父这个行为，而在于如果是以孩童意识状态去和他们联结，自己就处在小孩子的状态里，老觉得自己无能为力、只能依赖别人。

排行老二的我，相当了解这种心情，就像看着一个比自己厉害的人，将自己的渴望都投射在那个人身上一样。早在我读中学时，我就会一直炫耀自己大哥的优秀来沾沾自喜，却对自己的长处视如敝屣。我总认为大哥的看法一定错不了，而且他想成就什么，一定十拿九稳、手到擒来。我养成了凡事都要问他意见的习惯，而一直没有察觉。一直到很久以后，我才发现自己这样做，是在削足适履、自弃尊严。因为在比较当中，我强化了自己的依赖感，放大了自己的缺点，而无法欣赏自己的独特与长处。现在我会感激当时的比较，它让我有机会看到自己不切实际的幻想。

当我们敞开自己去面对新的事物时，很自然会带着孩子般的热忱和纯真的信任去看它。但除非我们运用智慧，不然便会迷失在自己理想化的对象中，永远学不会发展自己的直觉和丰富潜力。当我们仰望他人时，很容易就会让自己退缩到一个依赖他人、无能为力的状态中，持续地践踏着自己的自尊。进一步来说，当我们紧抓住不切实际的梦想和希望不放时，我们并没有在学习如何处理痛苦的现实生活，没有在学习如何建立起接纳挫折和失望的内在空间，也没有学习如何面对真实生活而不强人所难。然而，在面对真实的学习历程中，我们可以建立巨大无比的内在力量。

在接下来的章节中，我将会说明关于孩童意识状态对人际关系的一些影响。只要内在小孩还是处于无意识的状态，它就会掌控我们的人生并创造劫难。将内在小孩带到意识层面，我们可以运用它，作为成长与自我觉知的活水源头。

第六章　期待

——反弹行为和任性小孩的动力来源

孩童意识状态犹如一台期待的机器。事实上，如果仔细看，可以认出任性的内在小孩的动力来源就是我们的期待。期待直接来自孩童意识状态，当我们长大成人并重新看待孩童意识状态时，就会看出期待与现实真是一点关系也没有。生活如常，人事依旧。想要多少期待就可以许多少愿望，然而生命或人们都不会迎合我们的期待。这只是内在小孩的思维方式所产生的期待罢了。

每个人都会对别人有所期待，可是重要的是要认出这些期待的本来面目是属于孩童意识状态。否则我们会将痛苦带进生活，并且毁掉关系中的和谐与亲密感。期待，会将生活或另一个人转变为满足我们需求的一个对象。这会影响阻碍了内在深层信任和感恩空间的滋长。我们不去感受自己内在的恐惧，反而是进入任性内在小孩的空间，老是觉得自己被别人、生活境遇和生命本身所困，而成了所谓的受害者。

揭露期待

要碰触自己内在的期待，并不是件容易事。首先，我们压根不想承认自己有任何期待。至少，我就不想承认期待曾经如何存在我心。我是个如此注重精神层面的人，在理智上我了解自己是孤单一人的，但当有人令我失望时，我可真是很想“杀人”的。我对自己的“了解”就仅有这么多了。我一直是个充满期待的人，我期待别人为我的付出，要和我为他们付出的一样多。我期待别人要公平对我，尤其是我的好友。我期待亲近我的人，都诚恳相待、足以信赖又善解人意，这个清单还可以一直列下去呢！

如何辨识自己的期待呢？有一个方法是，特别留意自己感到失望时会出现的反弹行为。当我们感到失望时，可能会责备、生气或切断关系，并且放弃、心灰意冷。生气与放弃，正是期待未能实现时一体两面的表现，根据每个人的性情而有所差异。当有人未能满足我们的需求时，我们可能会向那人丢出生气和失望的炸弹，或把炸弹往自己身上丢——不是外爆就是内爆。要看清楚自己有多么高的期待是令人尴尬的，这也就是为何我们都不想看的原因。每当感觉失望或生气时，就表示我们有一个期待未被达成，这时我们可以自问：那个期待是什么呢？

另一个揭露期待的方法是检视什么隐藏在批判的底层。通常，躲在批判背后的正是我们对某个人的某种需求或期待。这个方法对于我揭开自己的期待而言效果特佳，因为通常我的批判是这么的理直气壮，但这样反而让我无法深入检视，到底有什么内在伤口被触动了。

第三种发现期待的途径，是检视责备和埋怨。每当我们责备或埋怨什么的时候，就表示有某些藏在底层的期待尚未被满足。我们抱怨谁的行为该改一改了，又抱怨天气、政治、朋友、当权者，这背后总是隐藏着事情该有所变化的期待。

最后，还有一扇揭开内在期待的窗，就是去检视生活中的各个层面。比如说，我们对性的期待是什么？我们喜欢别人如何与我们做爱、如何被抚触、期待多久做一次、希望别人如何接近我们？在做爱时，想要在对方身上或自己身上，得到什么样的经验？在情感上，希望有怎样的一个人在等着我们？我们希望这样的人是随时待命的、敏感的、狂野的、有耐心的、精力旺盛的、活力充沛的、仁慈的、大方的、直觉的、体贴的，正如我们想要的一样吗？爱人或朋友，在他或她寻求真理的路上，是否显得够尽心尽力、有自信、回归中心、静心质量、宁静或自我满足，有符合我们的标准吗？他或她是否充满喜悦、富创造力、对生活充满积极想法，正如我们所期待的那样？

由于永远也不会找到符合我们所有期望的那个人，所以每一段感情关系都给我们机会，去探索这些隐藏的期待。关系越亲密，期待也越高。有一位个案最近在团体中分享，他以前对女朋友会有好多期待，但最近他注意到，他不会再因女朋友的"缺点"而感到困扰了。我们问他，你们俩之间的关系有什么改变吗？他说他采取保持距离的手段，不像往常那样常常碰面。当小孩的期待得不到满足时，小孩不是生气就是厌弃，但这两种状况都不是治本的解决之道。当我们只会带着生气或厌弃之心去回应挫折和失望时，我们仍然停留在孩童意识状态里。要超越孩童意识状态并迈向成熟的唯一途径，就是联结到这个期待底层的伤口，并且感受这个伤痛。

感受期待背后的隐藏

一一探究这些期待时，也可以留意一下每个期待出现时的身体感受，有些是温和的反应，有些则相当强烈。期待里面掩藏着一个大洞，但我们通常不会去感受空洞中的恐惧和痛苦，而是会将精力转移，期待某个人或是生活本身可以去填满那个洞。例如，格特鲁德，一位德国的个案，因为她的男友时常周旋在众多女子之间，令她一直很不安。她的怒气并没有改变男友，而她也不想离开这个男友。然而，当她接受了自己在这种困境中的无助时，接触到一种终生萦绕困扰着她的深沉孤单感和孤立感。这正是躲藏在她期待背后、而她无法自我觉察的感受。

我们不仅选择不去感受期待背后的真实感受，而且常常根本就否认自己有期望、有需求，这样才能防止接踵而至的失望、拒绝、失败或伤害所带来的痛苦。我们可能觉得自己这么没价值，以至于自己不配享福，这就使得期待又掩藏得更高深莫测。当期待被否认或是压抑时，它会用一种未表达出的怨恨形式隐晦地冒出来，包括变成慢性的沮丧、恶言相向、尖酸的侵犯言论，或明显的暴力行为。

我们会用一些信念来掩饰我们的期待，像是：

- “有需求是不好的；我们要学会照顾自己。”
- “提出需求或期望是没有用的，因为反正最后都得不到。”
- “既然表达需求只会带来挫败感，那又何必自找麻烦呢！”

期待里面掩盖了一层很深的创伤和饥渴，从孩童意识状态往外看时，当下所看到的现实都是扭曲的，我们会将以前到现在所经验到的恐惧和不信任，全都投射到其中。也许现在实际情况比我们所认定的状况安全和可爱多了，但我们却看不见，依旧像任性小孩一样地反应。

在缺乏觉知和了解时，我们会很容易将所遭逢的一切不幸，都归咎于生存环境或是情人的，而不会洞察倒是自己一手造成的。带着深深的悲悯和洞见去辨识自己的模式，就开始可以有所变化。我会在之后的章节详细说明如何做到这一点。现在我们已了解内在小孩的心智和反复模式，都是出于早期的儿时经验；因此，必须找到一条路，可以将我们从虚假的情节中唤醒，那是从过去经验投射到现在的扭曲现实。

练习：

认出自己的期待

1. 当你觉得失望、挫折或被蒙骗时，你当下的期待是什么？

2. 当你注意到自己正在批判某事或某人时，你的期待是什么？

3. 当你注意到自己正在责备或抱怨某事或某人时，你的期待是什么？

4. 在性方面、在沟通时、被倾听时、与某人在一起时，在食物方面、住房方面、天气方面，你的期待是什么？

第七章　策略

——孩童意识状态的外显行为

我们受惊吓的内在小孩会致力于他或她所想要的，而且相当固执。这种坚持隐藏在种种策略的背后。策略，就是争取想要事物的方法。我们已经看到，内在小孩的心中有种种期待，当中有很多是无意识的。当其中某个期待得不到满足时，我们当下可以选择：选择去感受得不到的痛苦；或者一如往常，立刻无意识地操作策略。如果感受到期待得不到满足的恐惧或痛苦，那就表示并未使用策略。使用策略则可以避免感觉恐惧或痛苦。

要求和指责（锤子）

“把它给我！我不想再听你的借口了，你从来不为我着想，留在我身边。如果你根本不想花时间，那又何必谈感情。我要你全部一切为我，现在就要！”这是一个苛求的小孩。当他得不到自己想要的时候，变得又生气又严苛。锤子任性的能量这么说着：“我值得得到它，而且我现在就要，不管你有什么需求或借口。”

在孩童时，我们会乱发脾气，而长大成人后，我们变得具有攻击性和暴力。锤子的能量是侵犯性的。我们运用这个策略去制伏别人、威吓别人，好得到自己想要的。这个策略相当非理性，是鲁莽冲动的反弹行为。锤子背后的动能超级强烈，因为充满了暴怒的小孩被遗弃、被忽视、被暴力相向、被贬损以及被羞辱等负面能量。

而且它携带的信念是：这是得到我想要的东西的唯一途径。指责是这个策略的另一个面向，在指责背后有个要求，就是对方要改变。指责，在某种程度上，可以让自己感觉良好。因为不必去感受那得不到的痛苦，也不必为自己处在这种困境而负责。相反地，可以把责任推到另一个人身上。

我很难克制自己不去指责别人。每当我又开始变成锤子的时候，正义和真理似乎就站在我这一方。身为治疗师的我，大可以运用所有的心理学理论，去告诉我的爱人或朋友，他们目前的身心状况以及糟糕的处境。然而，要把能量拉回到自己身上、去感受当下得不到的痛苦，并且看出自己是如何主导这些情境的，对我而言不论在过去或是现在，一直都要花费很大的觉察力。**指责别人每个人都会，然而若是无意识地指责别人，只是徒然破坏亲密关系而已。要学习真诚地表达自己，还是变成在指责别人，其实只有一线之隔**。我们很容易就陷入攻击对方，而不是仅向他表达自己的痛苦与挫折感受。过去能帮助我弄清这一点的，是看到自己能量的导向。如果能量是向外的，设定在想去说服或改变对方的话，那么我就是在指责中。如果能量是在内部，而我正在分享自己的经验，即使牵涉到对方也无妨，这样对方比较不会觉得受到指责或攻击，反而可以听进我的话。

使用策略时，通常都会引起别人受胁迫的感觉，或是生气而把自己封闭起来。这只会增加自己和对方彼此的惊吓，而锤子也会锤得更大力了。运用锤子策略时我们会有点窃喜，因为至少垮下来的不是自己，而且还可以理直气壮地大声说话。只要能量不是用来表达自我，而是为了去影响对方，就是在使用策略。

操控（钩子）

成人体内受惊吓的内在小孩会出各种奇招来进行操控，包括：金钱、爱情、性关系、才智、权力、年纪、罪恶感、付出、逢迎、取悦和不诚实等手段。我们会用噘嘴赌气、断绝关系、假装不在乎或不稀罕去操控别人。在很小的时候我们就学会操控。我们会评估眼前的情势，然后算计着如何玩弄伎俩，好得到我们想要的。这真是一个聪明的生存之道，每个小孩都需要它。有时策略运用得实在太微妙了，连我们自己都没有意识到在耍心机。

操控，和其他策略一样，也有它特殊的能量取向。它的特性是会耍诈、爱算计，还有不诚实。带着钩子时，基本上是运用聪明耍诈，去控制别人。不幸的是，我们会操控得太习惯而变得无意识，反复运用而不自知。当别人发现到、也感受到操控时，会立刻抽身以求自保，结果我们被遗弃的恐惧更深，变得政治化的理由也更振振有词。由于在孩童时期，诚实和正直对我们一点好处也没有，现在也没有理由会变得更有用处。

米娜是位有影响力又美丽的意大利女子，今年三十多岁。她可爱得令人难以抗拒。她会吸引那些渴望母爱的人，她会用母爱把这些男人溺毙。当然，她自认自己照顾别人是出于纯真无私的奉献，一点也不觉得背后有操控。山姆是位富有的开发家，他的爱人要什么他就给什么。当然米娜完全拜倒在山姆的慷慨大方之中，只是有点猜疑自己是否已变得太依赖这段关系。但揭开内在来看，她是怨恨的，山姆则以为自己只是在扮演一位深情的男人角色而已。

罪恶感（生命轻羽难以承受之重）

罪恶感是一种最基本的操控，因为它太普遍了，值得用一节来描述。很多人在很小的时候就感受到罪恶感，特别是如果小时候父母有一方在情绪上向我们需索时。有时候我们是从语言上感受到内疚，但大部分时候是来自非语言的信息。那就像一个无声的牢笼关着我们，让我们无法顺着自己的能量或热情走，因为害怕会因此而背叛某个我们自觉对他有责任的人。阿曼娜和我最近辅导一对情侣，他们是带着罪恶感的典型实例。这个男子在他自己的生活和工作上都显得很不快乐，期盼女友能体谅他，让他感觉好受一些。由于女方的母亲曾经投射类似的期待在女子身上，所以女子觉得有责任要照顾男友的感受。男方告诉女方，当他觉得情绪低落时，她爱他的表现就是“一直在身边陪着他”。由于女方过去的经验，她开始感受到操控。在她内心底层的怨恨一直骚动着，没得安宁。当我们允许自己被以罪恶感操控时，我们的能量也正是像她这样。

报复（刀子）

有人伤害我们的时候，我们会牢牢记住这份痛。有时候我们会即刻反应，但是通常已受伤害时，实在太震惊，以至于垮了下来、羞于响应。于是将伤害收藏在面具之下，假装不在意。伊莎贝拉，一位意大利的个案，她告诉我们，她对于男友之前与其女同事持续纠葛的恋情，一直耿耿于怀。虽然后来什么事也没发生，而她自己也觉奇怪为何会一直被这件事所困扰。实际上她的男友相当依赖她，时常在她面前表现出退化小孩的行为。虽然在他们的关系中，她一直扮演好母亲的角色，但近来她已经设下界限并抽离母亲的角色。出于无意识的报复，他一直灌输女友关于他对女同事“很有吸引力”的事。

除非设法重新回到自己的受伤处，否则在我们的内心深处并没有办法真正安宁，因为自尊心受伤是所有伤害中最深的一种。以前我都从未好好了解自己内在抓住的怨恨有多深，因为我会赶快雪耻，假装这一切都不会对我造成困扰。但是当我进行深入的内在工作时，才发现自己从小到大已接受了太多的羞辱，都麻木不仁了。在内心深处，怨恨在翻搅，因而流泻出来时，有的变成负面的是非八卦，有的变成义正词严的审判，或是尖酸刻薄的讽刺话语。我已经崩垮得没有力气直接表达我的愤恨了。我最喜欢的报复手法，一直都是切断关系或让自己变得很忙碌。我会以一种近乎敌意的冷酷无情，去对情人和朋友报复。

在无意识的情况下，报复具有一种深远的影响。我们会不知不觉因为以前所受的伤害，继续对人采取报复行动。一个在现在触动到我们伤口的人，却接收了所有我们往日深埋的怨恨。我们会想伤害对方，是因为感受到深藏在自己内在的累累伤痕，而这些都是非理性的。我们可能直接去伤害对方，包括去惩罚对方、切断关系、打击他、一直讥讽他，也可能间接伤害对方，例如，有意无意做一些知道当对方发现时一定会很受伤的事情。基本上当我们觉得受伤时，一旦从惊吓和崩垮的情绪中回过神来，我们就会计划如何报复回去。报复也许需要花上好些年，但受伤的内在小孩有着如大象般难以磨灭的记忆。

在关系中无意识的策略，会带来悲惨的下场。我们使了一个策略，结果一开始引起策略的不信任感，就一直存在着。越常使用锤子、钩子或刀子这些策略，就越相信求生的必要之道就是这些；也会认为打开心胸、呈现自己的脆弱，实为不智之举。人们会因我们的策略而有所反应，我们自孩童时代就对人的不信任，创造了后来我们最害怕的背叛。结果我们认为“开放心胸呈现自己的脆弱，会导致背叛”这样的信念，就变得更为固执了。

矫正（螺丝起子）

“如果你当初听我的就好了!”“我实在没什么要求，你只要……就好了！”“何不试试……”就这样没完没了。这是想要矫正别人的一种策略。我作为一位深具洞见与觉察的优秀治疗师，常自认为知道什么对别人是最好的，尤其是对阿曼娜。当我们确定某事对别人绝对是好事时，要约束自己不去告诉那个人还挺困难的。然而，我们的动机却又不全然是纯粹利他的。在这个好意的背后，是想去改变别人的一股欲望。因为这样我们才会觉得和人比较有关系，比较像是多年熟稔的友伴，不分彼此，甚至亲密关系都会变得比较深刻。很不巧地，对方不一定接受我们的好心建议，特别是当他或她敏感地感受到我们还别有所图时。

要包容自己所有的挫折、抑制期望，忍住不发表对别人的意见和建议，还真得好好克制一番。不过很重要的是知道那是策略。然而，如果觉得是受邀而提出意见，或别人允许我们给他建议，就另当别论了。那时再给意见，就会很感人，充满爱的氛围。由于我对于阿曼娜的看法一向佩服，所以我常请她分享她的想法。而我也一直在学习像她一样（虽然有些困难）。

视而不见（眼罩）

我们有个个案，他和他的妻子正要分手。他和妻子已多年未沟通或做爱，也几乎不再花时间在一起相处。但对他而言，这样的关系也无妨。他来找我们是因为他的妻子日子很难过，说服他一起来参加工作坊。当我们要他说说他是否能找出维护这段感情的理由时，他说，看不出有何必要。对他而言，他们夫妻之间的沟通状况没有问题，因为他从不知道和人开放而深入地沟通是什么感觉，身为医生又忙得根本没空，自然不会想要找回他从来没有经验过的事。

这个案例是比较极端的。但当我们在一段感情中，却又矢口否认自己有无法联结的痛苦和问题时，这种状况也并非不常见。把自己的眼睛、耳朵和感受封闭起来，是比较容易的。我的父亲就是这样，他总是很忙，即使是退休后还是整天活动接连不断。他从不知道亲密关系为何，若不是我学习着走上了不同的道路，也会步上他的后尘。 我可以看出，我真会变得和他一个样儿。许多人都已被制约成否认自己的感情。从小就学会这样。这真是个有用的策略，因为不必去感受痛苦。安全地躲在自己孤立的洞穴里，不必知道自己失落了什么。

放弃（倒置的乞钵）

当我们因失望而退却时，表面上可能以为自己再也不会在乎了。觉得一切无望，就躲入自己熟悉而安全、但却与世隔离的内在洞穴中。我们滚动岩石，将洞口堵住，内心深感寂寞，大部分人都熟悉此处，当所有的策略都告失败时，我们总是躲进这里。我注意到藏身在自己的厌弃背后的，是对这个世界的深深怒气，还有要事情改变的愿望。

我们孩童时期可能曾有很多时候，是充满了无助和放弃的感觉的，现在生活中会再度回到这样放弃的内在空间，一点也不令人惊讶。不过和其他策略相较起来，这个信念比较像个自我实现的预言。因为我们在生活中不是保持深入地与他人交往，去感受与表达自己的创伤，而是切断关系，不断重复地撤回到这寂寞又熟悉的内在避难所来。对任何状况而言，放弃都不是一个合宜的解决办法。事实上，它只是冰冷冷怒气和怨恨。

没有爱，便无法生活。放弃，让我们变得沮丧或冷眼看待这个世界。大部分的人都会有一度兴起厌弃的念头，然而因为对爱的殷切需求，终究还是会走出洞穴，再试一试。然后不断尝试，直到还是得不到想要的才离开。我们一再运用策略，依旧无法奏效时，又回到洞穴中。这不是一个快乐的模式，但正是我们一直在做的事。如何从这个邪恶又悲惨的云霄飞车下车呢？必须要向内感受自己的恐惧和痛苦，而这正是我们一直运用策略所要逃避的。

策略的共通特质

这里有几个可帮助我们辨认出策略的面向：

1）每一个策略都是用来影响别人、改变他人行为的手段，好让我们得到自己想要的。换句话说，它是一种企图把失望转换为满意的途径。当我们想要从某人身上得到什么，却没有察觉到自己的内在状态时，就会故技重施。

2）策略运用是我们人格特质的面向之一，是属于人格层的第三圈，外在的保护层。这些和我们的基本天性无关，然而我们积习已久、积非成是，误以为自己就是这样的人。

3）由于这是我们人格特质中用来影响他人的，结果可能会唐突地冒犯到别人，因而招致负面反应。那时我们会有被推开的感觉，以为自己的存在是被拒绝的，于是又运用策略去响应。如此一来，我们老是被拒，痛苦就像一直往下沉沦的旋涡，没完没了。

4）这些策略都是在孩童时期为了得到想要而学会的行为，都是我们的生存机制。我们在小时候为了求生存而学到的行为，到长大成人，还无意识地套用到现在。

5）要摆脱策略的运用，就必须去感受策略背后的内在脆弱。

6）当策略奏效时，我们会更加固执不放，因而想发展出对策略的觉知就难上加难了。

7）要认出自己的策略真是不易，盲点太多，对于别人的响应又太过敏感，因为我们会有被攻击的感觉。

策略之舞

在我们的关系中，有许多随着策略起舞的时刻。感到失望、被拒绝，或有需求时，我们不会直接表达，而是用策略来反应。结果对方也用他或她的策略反弹回来，双人策略之舞就这样一直跳下去。通常是落得冲突、疏远和痛苦的下场。

罗伯特一早起床去慢跑，然后静心。他很少抽空留给自己，而在上班前的清晨是一段难得可以安静独处的时间，而苏珊却希望他能留在床上与她做爱。她最近不常看到他，希望这段时光能与他沟通交流。他醒来时有种撕裂之痛，因为必须抉择：是要带着罪恶感离开她，还是带着怨恨留下。她也感受到他的两难，但还是想要他留下，所以试着诱惑他。

一开始他有回应，但很快地又退回。苏珊开始生气，抱怨罗伯特从来不给她时间。他觉得自己受到控制，相当生气，起身穿上慢跑衣，不说一句话出去了。苏珊开始哭泣，再度有被剥夺和不被支持的感受。罗伯特拒绝咽下罪恶感，离开时觉得自己永远得不到想要的自由，也没有人可以了解他。罗伯特离开后，苏珊又感到被遗弃的崩溃绝望，泪如雨下。

在策略上进行疗愈

检视自己运用的策略模式，是有效检视内在的窗口。我们可以趁此机会发展觉知，看穿自己许多害人害己的无意识把戏。把意识带入对策略的觉知，可以深化我们静心和进入亲密关系的能力。策略会破坏亲密关系。能发展出觉知，让自己注意何时使用策略和如何运用它，可以增强我们接受别人支持和滋养的能力。因为一开始要将更多觉知带进策略时，通常都会在向内看的过程中，批判自己的种种不是。但是我们必须怀着悲悯之心，像科学家在探索内心世界和无意识行为一样，来接近和探触我们的内在。

爱人和朋友之间时常彼此激怒，这是很自然的。事实上，我们很容易被最会激怒我们的人所吸引，因为对方会迫使我们孩童时期的经验再度苏醒。若没有带着觉知，很容易就会无意识地进入策略运用中，这样只会一直强化“我们必须战斗求生存”“我们早晚会被拒绝”等负面信念。任何时刻，都是将觉知带入现在的好时机，而不让自己生活在过去的阴影中。

在上面罗伯特的例子中，他可以依然故我地响应苏珊，但他也可以用新方式表达自己。也许他可解释自己多么需要一些独处时间，而同时仍尽量去了解苏珊的感受。苏珊则可倾听罗伯特的需求，而不是马上落入策略的使用，她可以先了解罗伯特的需要，也坦白表达她自己的需求。

每当我们使用策略时，就不会与对方有真正的联结。也许我们没办法一直都知道自己在做什么，但当感受到无法与人联结的痛苦时，就透露了某种策略正在运行。两个饥渴任性的小孩，没有办法彼此好好联结，也不能互相滋养对方。如果我们真能了解策略不管用时，或许才会甘心停下来。可惜的是，说比做容易。我们之所以运用策略，是因为它可以掩盖求不得时，深藏内心的恐惧。这是来自内在羞愧、惊吓以及遗弃的伤口，在我们存在的本质中所造成的一种根本的不信任。这些将在后面章节探索。

滋养内在空间

在我以往的经验中，花工夫进入内在空间时，会找到能够感受痛苦或内在恐惧的空间，而不是立刻又运用起策略来。我们生存的恐惧，对我们具有强制的影响力量。但如果开始花时间进入内在，再度感觉自己，就可将内在空间开发得更宽广。这可以**从愿意为自己花一点时间开始**，即使只是几分钟也好，先停下来，闭上眼睛，然后进入。当我们进入到内在空间时，可以选择观察呼吸、感受身体的各种感官、看着思维，或甚至允许自己什么事也不做，只要看着、感受着自己的情绪流动。这种静心练习是一条让我们与存在和谐联结的管道，渐进地教导我们情绪的释放，并重新拾回信任。

练习：

认出自己的策略运作

一旦你开始觉察到这些策略时，你就可以开始领会到自己以前如何使用策略，又如何被策略牵着鼻子走。

- 你最爱用的策略是什么？
- 你用什么方法实现你的需求？
- 当你想要得到某些东西时，你会做什么？
- 当你得不到想要的东西时，你会做什么？
- 研究一下这些行为背后的能量状态。

第三部

我们如何逃避恐惧

第八章　面对爱的迷惘

为了逃避恐惧和痛苦，我们形成许多制约。这些制约支持不切实际的幻想和行为。结果是，在回避这些情绪感受的基础上，我们构建起一套生活模式。我们的文化并不支持内在工作。很难想象走进一家超级市场，喇叭大声传来一首歌，内容居然是歌颂进入内心深处、经验痛苦，并学习脱离孩童意识状态的种种喜乐。相反地我们通常会听到的是：“我心爱的人离开我了，真是伤心极了，为什么命运总是如此捉弄我。”

我们已经被制约成经由寻找“爱”来逃避自己。有太好的理由想要逃避了，因为内心的恐惧和痛苦是如此深切。而最大的骗局之一，就是以为我们终将遇到一个能使我们快乐并远离恐惧的人。我们很少意识到，追求爱情的戏码，其实是因为我们的内在小孩想要寻求解脱。因此，脱离恐惧这趟旅程的大半路途，在于检视爱情如何无意识地被当成逃离恐惧的惯性模式。

面对爱的迷惘

什么是我们和好友促膝谈心、啜饮一杯咖啡（或花草茶）时最常出现的亲密话题？没错，正是我们的恋情，我们心之所系。少了爱我们活不下去，但要觅得良缘又能长久真是难上加难。为什么爱情开始时充满了期望和承诺，最后却常常变成一场梦魇？为什么甜蜜恋曲每每沦落为激烈的权力斗争或冷淡的漠不关心？我们又为何一而再、再而三地重蹈覆辙？

除非正视并开始对峙我们的恐惧，否则爱不可能发生并持久。在那之前，爱情不过是我们避免面对恐惧的手法。我们通常会通过下面三种方式，利用爱和亲密关系来逃避恐惧：

- 紧抓着如此的信念：由于害怕孤单的恐惧，我们以为终能遇到某人将我们的恐惧和痛苦带走。
- 自欺地相信我们是自给自足的。
- 认为痛苦或恐惧之所以出现，都是别人或外在事物的错。

这些都是亟待克服的严重错觉。非常严重，比我所能理解的还要严重。一层又一层的欺骗蒙蔽在这些迷惘错觉之上，我们每揭开一层，就会发现还有另一层。一旦我们另一个人向敞开自己，这些跟随着迷惘而来的虚伪信念和行为就会变得十分明显。除非能将其揭露并带入知觉里，否则它们会继续阻碍我们找到爱。

浪漫幻想

我一直没有了悟到自己是如何沉溺于浪漫幻想的信念中。自诩为“进化的”灵性追寻者，以为这样的事不会发生在我身上。我并没有在找寻那个梦幻中的白雪公主，但开始进行共依存的内在工作之后，我才恍然大悟我是如何愚弄了自己。原来，我只是把它灵性化，转为寻觅所谓的“灵魂伴侣”。我不知道是否真的有灵魂伴侣存在，因此对我而言，这样的概念充其量只是戴上神圣光环的浪漫主义。我总是满怀期待地开始每一段新恋情，期待自己终于找着那个一直在等待我的人。的确有段时间，看来像是美梦成真。但终究，随着冲突与挫折的出现，失望与幻灭也接踵而至。

当我们开始了解那个惊惶受创的内在小孩，就比较容易明白为什么会顺理成章地被“完美对象”的幻觉所诱惑。处在小孩的思维和感情模式中，我们只能想象自己所渴望的愉悦平和与滋养呵护，必须从外界来得到。

打从童年起，这样的幻想就通过令人神往的童话故事，一直迷惑着我们。故事说：“灯火阑珊处，有个美好的王子或公主正等待着你，一旦找到了他或她，所有的梦想都将实现。”在较深的层次，那声音其实在说：“一旦遇到你的完美对象，所有的痛苦与孤寂都将结束；这个完美对象会深深地了解你、爱你，让你沐浴在甜蜜的支持、尊重和善感体贴里。”

在毁灭性的版本中，那声音则说：“一旦有冲突，就是分手的时候啦！问题意味着彼此不适合，你不过是跟错了人！争论、吵架或试图想办法，都是在浪费时间和精力。没什么好努力或解决的，是时候该换个伴儿了。关系不需要搞得如此难堪或沦为一场挣扎。”我们有许多制约都是源自对理想恋情的执着与迷思；但实际上这只是掩盖了一个我们不愿接受的事实，那就是“完美对象”不可能满足我们所有的需求。从童年开始，书籍、情歌、电视和电影就不断灌输我们相信这样的幻想。

在蜜月期，我们尚能维系浪漫幻想。事物的新奇和我们的天真足以支持我们对恋爱对象的投射。他们不一定是完美的。甚至于我们的荷尔蒙也对激励幻想大有帮助。但随着时间过去，幻想会褪色，而我们也会发现爱人并非想象中的完美，麻烦就开始了！我们要不就妥协于共依存的现状，要不就另起炉灶。顺应浪漫幻想很容易，但这和臣服于爱一点关系也没有。历尽千辛万苦，我才学会浪漫恋情一点也不真实。只要还紧抓着幻想不放，我就永远不必面对自己的缺乏信任以及不被爱时的痛苦与害怕。我会逃入这样的念头之中： 总有一天，有个人会出现，这个人能够……浪漫幻想护卫我们免于感受恐惧，因为它不让我们如实地看见生命、如实地体验生命。借由浪漫幻想，我们投射出生活该是如何如何的想法，而一直活在期望中。

否认和虚假的自我依赖

在我成长的过程中，身边大部分的人似乎都是非常地自给自足，并且克己自制。这样的环境不鼓励体验感受、表达感受。甚至多年之后，我才懂得何谓“需要”。我所受的教诲训示我们：生命的完成在于发展个人潜能、勤奋工作，并尽可能以自己的能力去帮助别人。这些教诲虽然很有价值，但却可悲地不承认脆弱的正当性。我将这些学得很彻底，也变得相当自给自足与克己自制，完全是个积极追求崇高成就、否认自己有女性层面的人。自然而然地，当我终于允许自己去亲近一个女人时，迟早还是会批评她的过度需索和缺乏安全感。

这是一种掩饰恐惧的高明欺骗手段，因为它遮盖了所有我对亲密和被遗弃的害怕。我甚至从未质疑过这些恐惧早就存于我的内在。我所听到的内在声音反而是在说：“你可以照顾自己的。接受你的孤独吧，因为事情就是这样。不要再试图寻找爱你又了解你的人，无论如何这都不会发生。你比任何人都更能照顾自己的需要，真的没有什么东西是你无法给予自己的，而且这样也省去了很多麻烦。如果你坠入情网，终究还是会以失望收场，落得孤独寂寞的。”

为了逃避面对需求的恐惧，我干脆否认自己有需求。我活在由坚强的自我形象、积极进取、自尊自重、挑战困难和独立自主缠绕而成的茧中，以避免自己感到脆弱，或冒着失去掌控的风险。我后来发现，这种人在共依存的关系中有个名称，叫作“反依赖者”。借着凡事只能靠自己的幻想，我们和各种强迫症奋力搏斗，比如对工作、酒精、药物和性等的瘾头。为了克服自己习惯性的否认，我必须从假装一切都很好、而所有的需要也都得到满足的昏睡状态中醒过来。否则，拥有的只是一个缺乏深度和亲密感的生命。再度地，当我们带着一份理解内在恐慌小孩的心理，来检视这个模式时，就很容易看清楚，这是体验到被遗弃的痛苦时，会产生的自然防御机制。那个内在小孩，因为体验了不被接纳欣赏、不被鼓励、不被爱的痛苦，早就缩回壳里，并找到一种求生存的方式，那就是不要依赖别人来满足自己的需求。

不过，这种凡事只能靠自己的虚假自立自强，就跟浪漫幻想一样，强而有力地将我们的恐惧屏障在外面。靠着躲在孤立隔绝的背后，我们就永远都不用体验恐惧或面对恐惧。恐惧不会升起，除非我们走出孤立隔绝并鼓起勇气亲近他人。我们为此而付出的代价，就是感受不到我们的脆弱。而且很确定的是，如果我们无法感受脆弱，就无法真的拥有爱。

怨天尤人

这样的迷惘认为一切都是别人的错、别人的问题，抑或是环境不对、情况不对。处在孩童意识状态，责怪外界是很自然的。因为我们觉得除非改变了外在的人事物，否则我们不会觉得拥有资源来得到自己所需要的。处于那样的意识状态，我们无法感到有能力给予自己所需。对我而言，这似乎是最难克服的迷惘。我看见怨天尤人的心态底下掩藏着我内在深沉的愤怒，却不知道到底是什么让我如此生气。我可以追究到许多愤怒是来自童年时期的创伤，也有许多只是因为生活所带来的痛苦与失望而大为光火。我把愤怒和伤害不知不觉地投射到爱人或朋友身上，投射到让我感到挫折沮丧和拒绝面对的情况上。当失望与挫败的烈火中烧时，我总是本能地怨天尤人，而不是与痛苦共处。为什么不呢？责怪可是比感受痛苦来得轻松容易多了。

责怪是相当寻常的行为，它很容易就将能量转移到别人身上，所以就无须盯着自己看。我们都是这么做的！在那一刻，我们大概连想都没想到，有些事情或许真的是自己不对。当别人提醒我们应该承担起更多责任时，我们百分之百同意，但一定会再加上一句："可是我实在厌恶她（他）从来不替我着想，也厌恶她（他）从来不管好她（他）自己的事。"我们天资聪颖、触类旁通，然而一旦遭逢痛苦，就马上开始责怪外在的人事物。学习将焦点带回内在，并看清他人是我们认识自己的一面镜子，必须保持不间断的觉知。这绝不是一蹴而就的事。

舍弃责怪的心态，当然并不表示在需要的时候不必设定界限。在我们的工作坊中，区辨两者的差异是最困难的工作之一。设定界限不等同于责怪。**当我设定界限，能量就保留在我的内在。我不把能量丢到别人身上，让别人去承担错误**。设定界限能够提升自尊自重，责怪则不然。

走入内在的决心

浪漫恋情、凡事靠自己和责怪别人，是孩童意识状态深深盘踞我们内在灵性的三个面向。这些迷惘让我们的行为得以合理化，并赋予它们意义。浪漫的想法、凡事靠自己或将痛苦来源归咎于外界，如梁柱般地形成我们认识生命和活出生命的方式。舍弃它们将会把我们投入未知里。而且，我们无意识地利用它们来隐藏自己，好感受安全和受到保护。如果没有这些，我们将赤裸裸地无所遁形。

面对伤口令人感到害怕，而要刺痛我们的伤口，再也没有什么比亲密关系更具威力了。亲密关系引动我们嫉妒、被遗弃、被拒绝的情绪，也揭开我们不被了解、不被爱或不被支持的情感伤疤。然而，透过我自己的人生经历，我确信一旦将能量转回内在，并诚恳地看待自己，转化便会发生。我们甚至不必担心得要挖开童年或早期人生所埋藏的记忆。我们现在的生活、特别是我们的重要关系，自然而然就会将所有的模式、所有伤痛、所有我们必须面对的课题搬上台面。

第九章 依赖和反依赖的戏码

避免接触到内在恐惧和痛苦最强而有力的方式之一，就是迷失在无止境的关系戏码里，一而再、再而三地重复着相同的模式。除非有一天我们揭开了这些戏码底下隐藏的东西，否则生命将会被永不止息的失望与挫折所填满。让我们来看看这些戏码。在它们的核心，其实就是依赖和反依赖。

布置舞台

戏码通常会等到蜜月期结束才开始上演。蜜月就像迷幻药般让我们飘飘欲仙。我们迷失在幻想中，迷失在还没被时间和熟悉所破坏的正向投射中。我们感到开放且洋溢着爱。每位新恋人都像个容器，接收我们所有关于理想爱侣的正向投射，在梦幻还没有消失前的一段日子，我们可以保有这些投射。通常在这个阶段，冲突极少或根本不会发生。性爱很美好，契合度几乎达到完美。防御降低了，而我们享受到一段水乳交融、如胶似漆的美妙时光，一种所有人都深深渴望的经验。我们的能量随着这崭新的活力而扩张。这期间，我们将许多童年时期无法得到的需要投射到爱人身上，真的以为这些需要就此满足了。

然而，迟早能量会开始转变，有时猛然呈现，有时踌躇于幻灭之间。我们允许某个人靠近，跨越了我们通常无意识地对别人设下的某种防线。这个人打开了我们的心扉，至少暂时如此。然而一旦敞开，也就更容易感受到失望。我们脱离孤立隔绝迎向爱，但是当我们敞开时，也同时敞开了我们的创伤，被遗弃与被侵犯的创伤，**而缺乏觉知的创伤便导致共依存**。蜜月的结束会以肝肠寸断的失望与绝望猛然袭击我们。我们终于明了对满足的殷殷期待无法真的达成，我们也认清眼前这个人不是我们先前所以为的灵魂伴侣。我们从正面投射的梦乡转向了负面投射的梦魇。然后通常会发生的事是，我们走入了极端，走入两种相对的立场、两种相对的情感支点之一。有一种人想要更多爱、更多缠绵与共、更多殷勤和联结；另一种人则寻求更多独处的时间、空间和自由。这就是“依赖”和“反依赖”的戏码。

当反依赖遇到依赖

最近有对参加我们工作坊的伴侣，他们的经验提供了一个常见的案例：约翰和凯西成为情侣并同居在一起超过四年了。在头几年，两人享受了一段美好的蜜月期，没有冲突、相互赞美而且都感觉对方是自己的灵魂伴侣。然而最近一年，彼此之间却变得既紧张又勉强。对许多事物价值观的歧见，让他们变得更加水火不容而且更常争吵。

两人都感到沮丧挫折，并开始怀疑有什么事情非常不对劲。约翰珍视自由与独立，并将灵性追寻置于所有事物之上，他感到凯西给他很大的压力；凯西看重亲密关系，看重多花时间与爱人共叙深情，她感到和约翰在一起的时间永远都不够多，也觉得他薄情寡义。

这里有段他们互动的对话摘录：

凯西：“我不能忍受你对我不理不睬。你花那么多时间做那些琐事，就因为你太害怕让别人亲近你了。”

约翰：“如果你不那么需索无度，我就不会觉得亲近你有任何麻烦。我不能忍受你总是老调重弹，说要亲密与分享，快把我逼疯了。”

凯西：“你会被逼疯是因为你太害怕如果让别人接近你，你就无法时时刻刻掌控一切。”

约翰：“胡说八道！你还不是一样想要控制，你想控制我好让我成为你要的那个样子。你那么害怕独处而只想躲在关系里。这不是真正的亲密关系，这是沉溺。”

凯西：“是啊，那你如此执迷于不停工作和你那些无聊的活动，难道就不算沉溺吗？”

约翰：“好吧，我承认我们两个都有些事情需要检讨。但除非你多做静心，否则没有一件事能解决。”

凯西：“你所谓的静心只是另一种逃避，我们需要的是多做爱而不是多静心。”

这段对话听起来是不是很熟悉?

反依赖者

反依赖者逃避亲密关系，因为曾经感到被“爱”背叛。**反依赖者所经验到的所谓爱常常是操纵、占有、吞没、过度保护，或满足父母情感需索的必要**。所以，在目前的关系中，因为需要爱，他会吸引爱；但当关系过于亲密，或是当他感觉自己悉心耕耘的自由受到丝毫要求时，他就会拒绝爱。

我很熟悉反依赖者这个角色，因为在过去的几段关系中，我将这角色扮演得淋漓尽致。由于害怕被压得喘不过气来，我几乎病态地恐惧别人靠自己太近。所有曾经和我有过长期关系的女人都有着相似的抱怨。她们欣赏我的聪明才智与自立自强，并被我对工作的奉献与承诺、对灵性追寻的投入以及我的关怀体贴所吸引。但是，她们也发现我太过严肃而一板一眼、情感冷淡，并总是将她们排在较低的顺位。

我待人总是表现得情感冷淡，因为我也这样对待自己。肇因于许多惊吓，我很难接近自己的感受，更不必提去分享感受。因为不相信自己能被人诚实地看待和真正地被爱，我变得在情感上相当防御与警戒。虽然想要不顾一切地敞开自己迎向一个女人，但是总有种深深的不信任感，让我以为这么一来我就得放弃自由，并让我的灵性深度为了爱情而妥协。我总是不信任那些似乎是随着亲密关系而冒出来的情感“幻觉”，也痛恨想到要被一大堆爱情戏码所压迫。然而，缺乏爱情的滋养，孤家寡人其实也枯燥乏味。所以我不断尝试，但每次都遇到同样的障碍。一旦到达某个点，我就会感到被拉扯并开始退缩，退回我所熟悉的、安全的内在避难所。当我的伴侣因为反感而表现出生气和挫折的样子，我的回应是退缩得更厉害，更加感到窒息难耐和愤怒。

我向往关系中的真实，但当我从孤立隔绝的角度看着那些对我真心相许的女人时，看到的多半是情感上的依赖、控制和操纵。我觉得如果敞开自己，就会完全受到支配。这简直就是身心煎熬，我的心房关闭着，不知道该拿我内在小孩的饥渴与不信任如何是好，就像是为自己打造了一间没有门可以逃出来的牢房。很明显的，这一切都和我跟母亲的关系有关：母亲对我过度保护，将我的恐惧（当然也包括她的）都排拒在外。在某个程度上，这一定也是我想要的，但结果却是让我失去了自我；和一个女人再度亲近带出了我害怕被控制、害怕被支配的昔日恐惧。不过，我对于接近女人最深的恐惧，实际上是来自害怕得承担她的恐惧，害怕去融入她的恐惧。我借着谴责自己被带离了灵性、带离了创造力来掩饰这份恐惧。然而，为了处理这些投射出来的恐惧，我必须敞开自己、迎向自己的恐惧。

我的反依赖也和我从父亲那儿袭来的亲密关系模式有关。身为一个极度敏感的人，父亲透过演奏古典音乐、和他人一起工作，来表达他的灵魂（他大部分的工作生涯，是协助安置世界各地的犹太难民）。然而，他缺少工具，也缺乏觉知去和别人分享自己的恐惧及脆弱。因此，我也学会了孤立自己并隐藏感觉。直到有一天，当我开始意识到自己的恐惧有多么深，我才开始改变模式。身为一个反依赖者，我只是无意识地借由一些行为掩饰了恐惧，而不是去面对它们。情况变得越来越清楚，恐惧其实是源自于过去的事实，而我只是不断地在当下重演。学习设定界限并甘冒风险脱离旧有的退缩模式，帮助我能深入感受亲密关系中的恐惧。

现在，令人惊讶的是，我居然正在体验到铜板的另一面：感受依赖是怎么一回事。在内在工作中，当我们从反依赖者转移成依赖者时，我们称作“跨越第一条河”。不久之前，我接到一位也在带领工作坊的好友来电。早期，他所带领的觉知工作坊有点失去情感上的联结。但如今，在进入关系一年之后，他开始处理亲密的课题，并将这些经验和工作坊结合在一起。他告诉我自从和目前的女友深深相爱之后，在他生命里，第一次感受到依赖别人是怎么一回事，第一次感受到因为需要她、怕失去她、感到嫉妒和缺乏安全感而升起的恐惧是怎么一回事。

依赖者

依赖者之所以依恋，是因为极度渴望爱。被遗弃的深刻伤痛转变成想要紧紧抓住另一个人的惊慌失措。这种害怕对方不是真正陪着自己，而产生的缠绵依恋、执迷嫉妒和高度警戒下，隐藏了一种害怕被抛弃而变得孤零零的极度惊恐。依赖的行为是种逃避方式，用来逃避感受被遗弃的恐惧和痛苦。

我的一个朋友阿利森，已经和她的伴侣在一起超过10年了。阿利森深爱着她的男友，但这么多年来，她还在学习如何不害怕他的愤怒和拒绝。和他在一起的时候，她很容易就失去了自己。她常常很难去感觉自己或是表达感受。特别是当男友在批评她的时候，更是如此。害怕被拒绝的恐惧已到了无以复加的地步，她无法忍受想到他可能会离去，也因为如此，她的生活总是环绕在男友的需要和欲求上。只有独处或是和朋友相聚的时候，她才会比较有自信并感到是和自己在一起的。虽然过去曾有过好几段恋情，而且对其他男人而言，她还是非常有吸引力，阿利森却不相信如果失去现在的这个爱人之后，她还能再找到一个像他一样的人，像他一样敏感、强壮，而且锲而不舍地追求真理和成长。

事实上，到目前为止，她都不知道如果失去了他会变成什么样子，只是这个念头闪过，就让她寝食难安。慢慢地，随着内在工作的深化，阿利森开始有勇气给自己她所需要的空间；然而对阿利森而言，要学会信任自己，并发掘勇气去做到及说出自己的需要，同时不畏惧别人的拒绝或生气，是一个缓慢渐进的过程。

关系中的反依赖者

走进一位反依赖者的房间，你可能会发现它像是一所禅宗寺庙：简洁空灵、质朴无华。房间的一角收藏了许多禅宗经典，俨然是座小小的图书馆，另一角则端坐着一尊佛像，法相庄严、定境深远，佛像前方放置了一个打坐用的蒲团，上面摆着来自西藏的法铃。一切都非常整洁、安静、不受干扰（这是根据我的经验说的）。或者，房间可能像是个收纳户外运动器材的储藏室，摆放了风浪板、攀岩装备、网球拍，还有游泳蛙镜。

单独、自由、与世隔绝和静坐冥想，就是他或她的众神。借着树立一种信念系统，反依赖者合理化自己的立场，这信念坚持生命的目的在于走入单独。自然而然地，他会试图寻找那些正好支持他立场的各种论述。“看看这段关于单独的文章”，他可能这么对爱人说，并期望每一段新找到的数据终于可以说服她相信他所坚持的观点就是真理。然而所有的这些神都是假神，因为单独、自由与静心冥想，遮蔽了他想要被抚触、渴望温暖与款款柔情的深切需求。我们可以遵守绝对的纪律，但纪律通常是对埋藏于底层之深沉空虚及缺乏安全感的一种补偿行为。

无可否认，反依赖者对于独立自主与自由是有些还不错的认识。他（虽然我用“他”这个字眼，但反依赖者也很可能是个“她”）对于不执着的追寻也很真诚，然而这并不完整，因为他的心紧紧关上了。他或许已经能够长时间自如地独处，可是这独处却隐藏着深沉的伤痛。唯有把爱也包含在内，才能真正达到他正在寻找的自由。因为太害怕爱了，他筑起刚强的信念，把对于成为依赖者和失控的恐惧统统隐藏起来。他看不到这其实只是他和自己玩的一场权力游戏，因为和自己所受的伤害失去联结，对“自给自足”的坚持让他很可能会羞辱或苛待伴侣。他把能量投入苛责怪罪，而不是用来感受自己的痛苦。也许在担心爱人可能离去时，他暂时会摆出一副敞开来的姿态，但其实这只是个权力游戏，只要再度掌握了操控权，旧有的行为模式又会出现。

为了释放长久以来掩饰在内心深处渴望情感接触所累积的痛苦，反依赖者可能会借着酒精、药物或强迫性的行为来寻求解脱。

不过这只会让他离自己越来越远，不断向下沉沦的旋涡通常会演变成自我毁灭。最后，他的伴侣会看清，所有想要建立长久情感接触的努力都是一场空。偶尔，他或她会试图做些什么来改善，但总是接二连三地被推开，终致徒留愤慨。这时候，反依赖者也许就会屈服了。如果能允许自己感受痛苦，承认自己不断在重复着相同的痛苦模式，并开始往内在看，他就有机会真正面对自己深层的孤独寂寞。但通常，他只是去责怪别人太过需索，或是为关系的失败寻找其他借口，甚至会宣称真爱是绝对不存在的。他会找些事来分散自己的注意力，直到下次"坠入情网"，这些情节不断重复上演。他发现即使面对着新恋人还是会得到同样的反馈，然后狼狈地对自己说："天哪！这我好像从前在哪里就听过了？"

关系中的依赖者

依赖者的房间绝对不会像间禅宗寺院，相反地，它通常比较像座谭崔殿堂，柔和的灯光、舒服的抱枕、鲜花、芳香精油灯以及印度《爱经》的性爱交欢图。当反依赖者在学习有关单独、自由和独立自主的严肃课题时，依赖者正享受着一段充满分享、亲密和敞开来的放松时刻。这是一场战争：禅和谭崔的对决。就像反依赖者一样，依赖者也信奉自己的假神；他们所谓的亲密与爱并不是真的，因为那也是源自于恐惧。**依赖者对孤单的恐惧和反依赖者对亲密的恐惧，同样都是阻碍关系的绊脚石**。如果这些恐惧没有被面对，依赖者会永不停息地追寻那个能使他或她免于恐惧的人。结果是，那个人或者生命本身，将不断地迫使依赖者通过被剥夺或被拒绝的经验，来回头面对自己。

依赖者的忧虑，或者说恐惧，乃源自于害怕寂寞、害怕不被爱。为此，他们追求爱的努力常常是奋不顾身的。他们成为取悦者、顺从者和乞求者，仰赖另一个人来得到爱，总是在等待、期望、感到沮丧。他们一直在寻找那个愿意真心向他们敞开的人，期待这个人能信守爱的承诺，而且不会把亲密关系放在最后顺位。一个人的时候，依赖者默默承受寂寞，但是和别人在一起的时候，却又期待感情能像电光火石般热烈。一旦进入关系，依赖者几乎不可能会放手，因为他们的认同还有他们的幸福感与存在感，都和另一个人紧紧交缠在一起。依赖者缺乏清楚的心理界限，总会因对方的情绪而迷失自我。其实，这种强烈而且全然的情绪表达，通常是为了逃避感觉而不是待在感觉里。因为反依赖者经常为自己的心不在焉和冷淡而感到愧疚，所以依赖者就正好利用这个弱点来操纵伴侣。一般来说，当依赖者宣告自己的脆弱和坦率时，那其实是一个充满了期待、需求和想要控制另一个人的“权力陷阱”。不用说，这情况制造出来的当然是反感而非爱，于是第三次世界大战开战了！依赖者对亲密关系的向往总是沾染着浓浓的需求，而她并不想为自己的需求负起责任。阴柔隐晦的操弄手段和对于对方不愿坦诚相待的指控，玷污了她追求亲密关系的努力。而这么做，只会制造出引发更多冲突和距离的破坏行为。

戏码可以是我们进入内在的催化剂

戏码会那么让人感到兴味盎然而难以自拔，主要是因为不管在依赖还是反依赖的角色里，我们都坚信自己才是对的，但其实我们只对了一半。我们看到别人的虚伪错误，却没有看到自己也是这样。我所进行的相互依存型的咨商个案，很多在刚开始的时候，都是其中一方在抱怨另一方。一般而言，依赖者比反依赖者更常主动预约团体工作和会晤，因为依赖者在这类改善关系的努力上较投入，而反依赖者则倾向以静坐、爬山或工作，来面对失和的关系。

同样，身为一个依赖者，我们通常比较容易感受到自己的痛苦。然而要结束戏码，就得往自己内在看而不是把焦点放在别人身上。经历多次重复的状况之后，我们迟早会开始认清，无论角色怎么变换，戏码还是会照旧演下去。事实上，戏码常常迫使我们不得不走入内在。**反依赖者和依赖者将会找到彼此。他们是挣扎着想要变得完整的两个部分，各自将自己少掉的那一块投射到对方身上。**要认出自己失落的那一块，这两种人必须发现彼此，相互吸引的强大能量正是来自此。当双方迸出爱的火花，彼此间的能量绝不只是生物性的，它同时也存在于我们内在想要变得完整的高层意识。不幸的是，我们常常缺乏觉知和认识来利用这样的境遇走入内在，并学习更了解自己。相反，我们总是迷失在戏码里。

感到绝望是个绝佳的起点

我们很快就会来到这样一个时点，认为事情没办法变好，这辈子再也找不到真爱了。但从我的经验来看，这是很棒的一个关键时点。这绝望的关头给了我们足够的动力，进行内在刻不容缓的工作，仅仅盯着关系上的问题、质疑伴侣是否真的适合自己或是将一切归咎于别人的错误，并不能转化这些旧模式。重点不在于改变“外在”，而是在“内在”下功夫。除非深入根源，我们不可能解决这一团纷乱。在内在，我们既是个反依赖者，也是个依赖者。我们可能会在同一段关系中或经过好几段关系后，发现到这一点。然而，我们迟早都要走入害怕孤单、害怕亲密的恐惧中。当我们终于停止把焦点放在外在，不再认为幸福和问题都是来源于外在，而开始处理羞愧、惊吓和被遗弃的伤痛时，依赖和反依赖的戏码就唱不下去、无以为继了。

练习：

探索依赖和反依赖

花一点时间检视你在关系中的惯性模式。在这些关系中，你的哪个部分受到最不可自拔的影响？你是否留意到自己是个典型的依赖者或反依赖者？

或许你发现自己两者都是。那么，在上一段刚结束的重要关系中，你扮演哪个角色？如果你不确定，让我们一起检视内在，看看到底是什么感觉，然后从中选出一种。

反依赖者

如果你发现自己选择的是反依赖者的立场，让你自己看清楚自己用来防止他人靠近的种种方式。请不加评判地承认，当你自我保护的时候，在底层确确实实有种深沉的恐惧。想象你穿上了一层防护罩，用这层防护罩来和你亲近的或曾经亲近的人保持距离。试着感觉这层防护罩的能量，试着去感觉躲在防护罩后面的这个人，他或她到底在抗拒什么？

思考下面的问题，看看它们是否适用在你身上：

- 你害怕在他人身上迷失自我吗？你不再知道自己想要的是什么，或没办法感觉到自己吗？
- 你害怕你的心意被别人占了便宜吗？害怕如果敞开你的心，别人就会用他或她的痛苦来拖住你？害怕你得去照顾他或她？
- 你是否感到需要更多空间，用来找回自己、探索创造力与宁静，而不是被要求？你害怕自己被压得喘不过气来吗？你害怕如果让某人进入生命中，你就没办法呼吸了吗？

- 当你感受到他人的期待时，你是否会觉得焦躁愤怒？你是否因为不想符合他人的期待与要求而懊恼？你是否因为别人不想为他们自己的痛苦负责任而生气？

- 你是否觉得在内心深处有个层面是别人永远没办法了解的？而你觉得如果敞开这个部分，就会被别人侮辱、操纵或拒绝？在深刻的不信任之下，你是否能感觉到那个内在的小男孩或小女孩，并和其联结？你的内在小孩是否渴望爱与接纳，却又害怕因此而被背叛和羞辱？

依赖者

要探索依赖者的心态，你要先想象自己处在乞求的姿态中。想象自己手里托着一个乞讨钵，等待别人施舍一点点爱。让自己感觉那种等待，期待你终将得到你所等待的爱。请思考下列问题：

- 你是否在等待真命天子的出现，这个人够敏感来爱你而且又很坦诚？还是你已感到绝望和伤悲，觉得永远遇不到这样的人了？

- 你是否看见自己放弃尊严和权力来迎合他人，害怕被拒绝或羞辱？你是否会为了失去他人的爱而感到惶恐？

- 你是否因为得不到自己想要的而感到挫折？你是否因为一再被冷落而生气？你是否很想坦承相对，却发现爱人再三抽身而逃？你是否恼怒别人用尽办法套住你，但实际上却不是真心想要和你在一起？

- 你是否有种感觉，觉得自己根本就不值得被爱？不值得被一种能真正允许你放松而且得到滋养的方式来爱？

第十章　补偿机制

——我们用来避开恐惧的角色和行为

补偿机制和控制有关，它掩饰了我们的恐惧，是我们对自己和他人隐藏恐惧的方式。它是无意识地保护我们免于威吓和免于感受恐惧的惯性角色和行为。身为一个小孩，找到方法来承受身体的被侵犯和精神的受创，对我们的生存和精神健全来说，是非常重要的。我们出于掩饰心态所做的补偿行为，基本上正是为了应付那些侵犯我们的各种势力，包括所有具攻击性、粗鲁而没有自觉的能量。我们学会取悦讨好、退缩或战斗，尝试各种方法来控制和运用这股侵犯的能量。经由观察他人的作为，我们学会了这些行为。

我们学会了靠补偿行为来保护自己，但是也因此而让我们和自己失去了联结，因为它们将我们带离了天性和本质。每当我们处在补偿状态时，我们的真实能量就妥协了，变得不真实，而扮演着让我们保持安全的角色。通常我们对这个情况毫无觉知，分不清楚什么是真实，什么是我们的补偿行为，直到我们能再度经验真实，回到内在的家并再度和自己在一起。

我们很早就学会取悦讨好，表现得符合他人对我们的期待。不用多久，我就发现真实的自己并不是我所表现出来的样子。有些事情一直不太对劲，但我没有可以拿来比较的依据，不知道真正的我是谁，不明白那是什么。我的制约教导我，自我价值是建立在成就上，建立在我所做的事，而不是我的真实面貌之上。所以，我把能量投入到追求成就和取悦讨好，而自己内在很深的一部分总是被隐藏和隔离起来。

在某些时刻，当存在以某种方式粉碎了我们的控制，当事情失去常轨，我们的补偿机制可能会被看穿。这些时刻，多半是失去所爱的人，或是在爱情或工作上遭逢严峻的拒绝，我们也许会觉醒过来。我不太确定到底是什么帮助我开始发现真实的自我，但是在某一点上，我开始了解到真实和虚假之间的差异。慢慢地，我的生命非常果决地开始改变，我们越是欣然允许这种过程发生，存在越无须使用戏剧化的方式来帮助我们重返真我。

补偿机制的根源

帮助看穿补偿机制最重要的力量之一，是弄清楚它们从何而来。补偿机制可以带给我们能量、关注、控制、身份和权力。我们用数不清的方式、角色和行为来补偿，但所有补偿机制的根源其实都是恐惧。我们取悦讨好，为使周遭环境看来和谐安全；我们奋斗，为了感到能掌控环境；我们退缩，为了远离所察觉到的来自环境的威胁；我们绞尽脑汁分析，为了使环境的混乱看来有其道理。我们保持忙碌，是为了永远不必停下来感受恐惧；我们为自己和他人定下许多规则，以创造出安全、舒适与一致性；我们利用权力、金钱和性来控制他人；我们借治疗、教导和宣扬道义来控制自己所处的世界。

躲在这些永无止境、令人精疲力竭的行为背后的恐惧其实是：

1. 我们必须面对无法掌控的生命事件的恐惧。
2. 我们必须面对内在深处令自己感到毫无价值的羞愧。
3. 我们必须面对被拒绝和被遗弃的痛苦。
4. 我们必须面对被侵犯、被粗鲁对待和不被尊重的恐惧。

让我们一起来深度探索一些我们用来补偿的主要模式。当我描述接下来的每一种类型时，请花一点时间思考，你会如何使用这类保护形式来让你脆弱的内在小孩感到安全。

1．取悦/和谐

我们使用这种类型的补偿行为，试图减轻及缓和外界的威胁性能量。我们之中有许多人从小在高度男性化和理性化的环境中长大，这种氛围固有的精神压力和被压抑的愤怒，使我们一直处在惊吓状态。我们试着通过软化这股侵犯的能量，来应付自己的焦虑。为了避免惹恼别人或发生正面冲突，因此我们取悦讨好。虽然试图和睦融洽的努力会展现出爱与和谐的美好天性，我们却也为一再放弃自己的权力而付出惨痛代价。

身为一个取悦者是令人感到羞愧的，它让我们付出了尊严与自尊的代价。我从未了解到自己是多么的软弱无力，直到我开始处理自己的羞愧和屈辱。成为一个取悦者是我生存很重要的一部分，但留给我的却是被阉割和被羞辱的感觉。我是如此认同这个角色，而看不清楚那其实并不是真正的我。此外，我还借着认为自己是个很亲切的人来增强我的自满。**我们可以欺骗自己，以为我们的善解人意是有灵性的、非暴力的、慈爱的，却未认出伴随这些行为而来的堕落，以及深藏在底层的巨大愤怒**。

2．控制/照顾

在这个角色中，我们借着不择手段的控制和支配环境来掩饰恐惧。与其承受危险能量的恫吓，不如自己跳出来打压控制这股危险的能量。我们用很多方式来控制。像父母对待子女般地照顾他人是极为常见的一种，它让别人需要我们且变得依赖我们。强横霸道是另外一种，试着用我们的权力压倒对方，通过使用暴力或威胁着要使用暴力，通过言语、金钱、性和聪明才智等任何行得通的方式。我可以看到霸道出现在我的想当然、严肃僵硬、爱批判、严守纪律和雄心壮志中，我把过去那些别人要求我达到的高标准，原封不动地用在自己和他人身上。

一旦情势许可，我们就会透过控制与蛮横的方式，将昔日那些因为取悦讨好而积压起来的愤怒，一股脑儿地释放出来，并以其人之道还治其人之身。我记得当我还是个实习医生时，曾经被自己和其他新手医师同事们的举动吓到，我们很快就学会去虐待那些下面的人，医学院学生、护士、职员，特别是病人。因为当我们还是医学院学生时，常常受到来自实习医生和住院医生的羞辱，现在则是我们扳回一城的时候。我们过去承受的所有屈辱及伤害蓄势待发，等待机会报一箭之仇。在亲密关系中，也会爆发出相同的动力。由于被压抑的痛苦、屈辱与伤害，控制者用扭曲的方式来展现天生的领导能力和照顾特质。

3. 理性化/分析

我们另一种常见的补偿方式是变得理性化。能量从身体移向让我们感到安全、牢靠和可控制的头脑。我们将经验一箱箱存放好，以免生活如排山倒海一般压向我们。我们以为自己知道一切，但事实上却阻碍了真正的了悟。我从来没有意识到这样的保护机制所带来的恶性循环，伴随理性化防御而来的愤世嫉俗与尖酸刻薄，极具杀伤力。且我们筑起高墙，将难以理解和惊惧害怕的事物排拒在外，而往往变得一副择善固执、正义凛然的样子。当我们试图让事情符合自己脑袋中的构想时，其实是在掩饰巨大的恐惧和被压抑的愤怒。我很了解这一点，因为这是我学会的保护自己的主要方式之一。我也亲眼见到这方式被我的双亲所用，而事实上，我认为这是犹太人的制约中最典型的防御机制。

我曾在印度的普那社区住了好几年，那里有个给新访客参加的课程。通常人们会先从治疗团体开始，然后才在社区中以某种能力工作。被推荐的特定团体和工作计划是针对人们情感和灵性成长最需要的内容来设计。二十五年前，我刚到那儿的时候，我对成长充满了各式各样灵性和心理上的想法；我被建议参加的这些团体和工作计划，都着重于让我从聪明的头脑中逃脱出来。我并未注意到自己凡事诉诸理性的程度，但对别人而言，真是再明显不过了。在普那社区中，我花了四年从事体力劳动的工作，木工、清洁打扫、工地建筑，和我以前所做过的治疗或医药这些事截然不同。有时候我会抗拒和不满，但某种程度上，我又知道这么做是正确的。现在，我对于这样的经验感到无比感激，虽然它不是我当初所预期的。

4. 对抗/叛逆

内在的对抗和叛逆，会跳出来挑战任何可能造成侵犯或虐待的威胁，来表达内在受伤小孩的愤怒。它说“不！”叛逆给予我们勇气来突破制约的束缚，看穿周遭的虚矫、否认和幻想，并彻底摧毁那些世俗的、循规蹈矩的传统。

然而，处于对抗和叛逆中时，我们的愤怒是无意识的。我们迷失在反抗、攻击和防御中，不断地怀疑和警戒，总是在提防着受到虐待或误解。我们变得急躁冲动，在还没有看清和感受别人真正用意的时候骤下结论。愤怒和反弹变成我们的手段，让自己可以不去感受痛苦、恐惧和绝望，不去感受灵魂深处的悲伤与悔恨。对抗者甚至会对苦难与逆境上瘾，抗拒者带着某种自以为是的傲慢，认同于自己的否定性。他视每件事为一场战斗，活像个随时准备上战场的士兵，期待冲突、甚至于制造冲突。这种补偿类型的健康面向是，我们可以和自己内在的生命能量与热情有更多联结，并开始在生活中表现出来。我们虽已走出颓丧，但除非我们清理净化了战斗者的反弹行为和偏执，要不然这类补偿仍旧是我们防御的无意识部分，并将带给我们许多孤立和痛苦。

5．退缩/躲入内在

保护我们自己最容易的方式之一是保持距离并躲进自己的世界，将自己的能量抽离具有威胁性的事物以及那个似乎是排山倒海而来、嘈杂、麻木不仁又快速变化的世界。就我记忆所及，我承认这样一个隐藏在内在深处的避难所，曾经是我的一部分，事实上，也仍旧是我最深沉的生存空间，我把它称为“我的洞穴”。很久以前我把自己封闭在洞穴中，远离一切，并学会独立滋养自己。我知道每一次的敞开，其实是走出了那个我独自生活且自在地为所欲为的洞穴。

当我第一次看清这一点时，我留意到即使是最轻微的失望，都会让我再躲回自己的洞穴里。我一遇到激烈和不舒服的事就退缩，我的女友会因我的一再退缩而感到挫败与愤怒。然而，一旦受到威胁，我就会变得令人难以亲近。我们大多数人可能都经验过，与人亲密相处需要能够从完全退缩且害怕敞开的状况中走出来。处在单独中或许可以得到一些力量和满足，但那是缺乏滋养的。

我们内在的退缩者怀有一种强烈放弃与失望的感觉，几乎无法撼动。退缩其实和我们内在紧抓不放的巨大忧伤紧密相连。然而要感受痛苦，必须放下单独、离弃与绝望所提供的安全感。只要我们退缩的补偿机制依然是无意识的，它就会继续把我们和自己的感觉隔开。我们离群索居，变得慌乱狼狈，躲进幻想中，退化成不需负责任的小孩并且和自己失去联结。

我们把退缩称为“诗人的保护”，因为它护卫我们每个人内在都有的诗人，那个高度敏感、寂寞的和内省的诗人。这类保护的积极面向是，那些原本会被用在安抚协调、战斗或控制的巨大能量，可转为用在创造力和内省上。但是，退缩者的情感通常也极度枯竭而不自知，为了过去受辱的尊严而躲藏在愤怒的无意识避风港中。

认出我们的负面电影

我们的补偿机制，不仅仅是无意识的惯性保护模式，也是童年时期爱与支持受到剥夺而形成的一套信念。这套信念就像一部在我们脑海里上演的电影，决定我们如何看待和感受周遭的世界。举例来说，当我们取悦讨好时，会相信表现得直接武断是不安全的；如果我们在掌控时，是因为我们认为除非能操控一切，不然可怕的事一定会发生；当我们反抗时，会以为如果不反抗就会被控制；当我们退缩时，就相信这个世界是鲁钝粗鄙的，一点儿也不值得留恋。脑海中播放这段电影的时候，我们看不到周遭世界的真实模样，因为我们是透过内在受伤小孩的视角在看。我们形成的生活模式与信念，都是从那些原始的印象中发展出来的。在无意识和受伤的内在小孩心目中，看到的世界还是小孩眼里的那一个，这些信念以一种迷惘、负面却又熟悉的方式，将我们牢牢困住。

一个当下发生的事件就可能会启动我们内在的连锁反应，让电影开演，并且使电影中的负面信念变得栩栩如生。例如，当我们将某人对我们说的话解读成一种轻蔑，我们的警戒性就立即升高并感到不信任，不管对方的说法是否真的轻蔑，都会使得电影开始播放，因为它触动了我们内在深处天真与信任被背叛的记忆。我们会当下认定那个人就是敌人。电影说："我最好小心点，如果敞开，我就会受伤。"或："我得好好照顾自己，因为没有人会照顾我，这世界是不太友善的。"或："如果我不取自己所需，就永远都得不到。"或是"人们都打歪主意想压制我的创造力和我的生命能量，所以我最好争取自己想要的"，等等。这种电影一旦开演就很难停下来，有时候它比戏院中播放的两小时还长得多。

自然而然地，在我们的亲密关系中，这些信念总是会被触发并启动我们的防御机制。就像我们有个控制自己情绪的计算机键盘，每个按键都会启动一种负面信念；我们亲爱的人（还有亲密的友人）不断在操纵这个键盘，他们随便按个钮，我们就逃避、封闭、防御、退缩，开始攻击和防御。要明了事情真相并非如我们所见，需要很大的觉知，特别当对象是个我们亲近的人；我们也不容易看清其实是我们自己的信念，在心中创造出他人做出那些我们认定他们会做的事。多数时候，即使我们的防御行为已经过时，已经不需要它，我们还是会使用它。

补偿机制的痛苦带我们走出来

通常，无意识的补偿机制带给我们的痛苦，会让我们想要脱离它们。这些角色不仅令我们孤立，也让我们远离自己和他人的心，还有远离我们深层的自我。取悦讨好令自己蒙羞，控制把人们从我们的身边推开，持续的战斗让人孤立也伤害我们的心，理性化将我们和自己的生命能量切断，而退缩终将导致深深的绝望、沮丧和愤世嫉俗。活在补偿机制里时，我们是外在导向的，和自己失去联结，也断绝了对自己真实美丽的追寻。令人遗憾的是，我们几乎不可能丢掉这些模式，除非存在给我们一记当头棒喝，让我们大难临头，像是爱人离开了我们，或是意外、疾病等。

在感受到惊吓、不被爱和不被了解的氛围中，我们会采取所有的防御来给自己爱和空间。我们发展出这些防御机制，好让自己不必去感受内在小孩难以承受的痛苦。然而，如果我们开始和痛苦与恐惧有所联结，补偿的行为自然而然会慢慢消融。

觉知我们的补偿机制

我们可以怀抱爱意且不加批判地留意补偿行为何时出现，并感受行为背后的恐惧，来开始培养对补偿行为的觉知。透过留意正在起作用的补偿行为，熟悉每一种行为的内在感受，我们就能够更加了解它们。当我们取悦讨好的时候，身体会有特定的感觉，我们可以试着去认出它。当我们退缩、控制或战斗的时候也是如此。从我自己的经验来看，认出这些补偿行为的最佳方法，就是对这些角色在身体上的感觉更为敏感。我们也可以在处理自己的重要关系时，观察自己的补偿机制。如果错过了，只需要问问我们的爱人或亲近的朋友，他们会知道。因为这些都是我们相互用来保持距离、防御和玩弄权力的方式。揭露它们需要一点一点拆解，而放开它们则需要很多勇气。然而一旦补偿行为出现，我们还是可以借着认出它们、分享它们而开始放掉它们。

要松懈我们的防御和补偿心态，需要一些承诺和慈悲。在有些情况下，事情不但没有变得容易反而变得更难，因为我们的防御变得更加微妙、难以捉摸。**不愿看穿自己的补偿行为，并感受补偿心态之下的恐惧与痛苦，也是大多数亲密关系之所以破碎的原因：**其中一方或双方都不愿意“回到内心来检视自己”。如果我们能温和而坚定地检视自己的盲点，就能邀请那些亲近我们的人也向我们展露他们自己，同时允许他们进入我们内心深处。

练习：

辨识取悦者和专制者

在生活中认出一个以某种方式惊吓到你的主要人物。他们也许在某方面权力大过于你，或者他们令你感到不堪、脆弱和不合时宜。现在，想象他们其中之一就坐在你面前，然后问自己下列的问题：

- 坐在他或她的面前你感觉如何?
- 你的身体有什么感觉?
- 你对自己有什么感觉?
- 你的能量有什么变化?
- 你和他或她的关系如何?
- 你是否会批判自己并试图改变自己?

现在从你的生活中认出一个主要人物，你觉得在他面前，自己某方面是比较优越的。再次地，想象你坐在他面前并问自己相同的问题。

静心：

我们如何学会补偿行为

你可以请朋友读下面的话给你听，把这个练习当作是静心。闭上双眼，让自己温和地进入内在。调整你的呼吸，温柔地观照吸气和吐气。让自己放松在自己的呼吸上，跟着它一起放松，让它将你带入内在。缓慢而轻柔地，越来越深，越来越放松。

现在，想象你自己身在一个洞穴内。这个洞穴是你受到保护而安全的空间。在洞穴里，你是安全但隔绝孤立的。没有人可以走进去。你找到了让自己在洞穴里有创造力的方式，也许你写作、画画或演奏音乐，任何一种你喜欢做的事。看看在洞穴中的你自己。它看起来是什么样子？它感觉如何？看看四周围。你在你的洞穴里放了些什么东西？

现在想象你走到洞穴口看着外面。当你看着洞穴外面的世界，你看到了什么？那里有任何人吗？你是否觉得走出洞穴是安全的？

现在想象外面有个人，为了某种原因，你被牵引向这个人。缓慢而又小心翼翼地，你走了出来。你走出来期待着你将受到爱与温暖的迎接。你希望能被注意、能被欣赏。你年轻、天真，对自己不太有信心，希望这个人给你一些肯定与赞同。然而，你所遭遇的能量却是苛刻的、批判的和造成伤痛的。也许这个人以一种令你难堪或感觉屈辱的方式说话。也许你只是被忽略了。也许这个人根本忙到没时间注意你。也许他正告诉你，他想要并期待从你身上得到的是什么。

允许你自己感觉内在所发生的。你如何感受伤痛？它吓到你了吗？它令你愤怒吗？你对这个人做出了什么反应？你是否试图软化这个人的能量，想要和他交朋友并得到爱？你是否试着取悦这个人？当你感受到苛刻和愤怒冲着你而来时，是否会觉得整个人垮下来？你是否缩回自己，好远离这种侵略性的能量？你会被失望和背叛激怒，并起而搏斗吗？花一点时间思考一下这些不同的反应。

现在想象一下，离开这个人或人群回到你的洞穴里去。感觉如何？和从前有什么不同吗？你会想要再走出来吗？或许你不确定你比较喜欢的是哪个？试着停留在这样的感觉里一阵子。

现在，深深地吸一口气并允许自己缓缓回到当下。

第十一章　上瘾行为

——防御的惯性模式

我对上瘾的认识一直是非常单纯的。在进行这项内在工作之前，我从来没有想过自己的许多行为，是根深蒂固于想要逃避恐惧与痛苦的深沉感受。我知道药物滥用是一种明显的上瘾行为，但更深入观察之后，我开始认清，许多我们通常认为正常的行为其实也是上瘾的一种隐晦形式。举例来说，社交活动、吃甜食、批判他人和爱分析的习惯，都源自于想要逃避深入看到内在，都是我们为了逃避感受而用来填塞时间和头脑思考的花样。通过这项内在工作，我开始对自己淡化强烈情感和以转移焦点流失能量的种种方式，变得更加敏感。觉知到深埋于内在的伤痛有多么难以接近，也改变了我对自己许多生活模式的认知。

每个人都有各自的上瘾症，有时候我们能意识到它们，有时则不能。踏上了深入内在的旅程，我们迟早都得检查自己的惯性行为，同时也得学着和它们做朋友；我们利用这些惯性行为来逃避当下出现的感受，或者更精确地说，是为了逃避恐惧和痛苦的感受。我看见上瘾是我有意识或无意识地做出的选择，目的是为了让自己变得无知无觉而不必面对当下。因为不想感受自己的脆弱面，我们会无意识地受到自己习惯及癖好的吸引，进入我之前提到的上瘾模式。即使在较深的层次，我们也利用不同的上瘾形式来逃避终究得面对的空虚。在真理与静心道路的亮光中我们所看到的是，上瘾并非只是为了逃避感受恐惧及痛苦，同时也是为了避开感受介于“头脑思绪”与“没有思绪”之间的缝隙，即那份内在的空洞感。

上瘾是一种害怕感受这种空虚而转移注意力的方式。关于上瘾和共依存的论述有很多；事实上，**探索共依存现象**的内在工作，源自于想去探究人们滥用物质的理由。这本书里，**我把焦点放在检视它在我们的内在旅程中所扮演的角色以及它与静心的关系，和如何运用静心来疗愈上瘾上**。上瘾是我们保护层的一部分，因为它有效率地阻挡了我们进入中间的脆弱层。事实上，它正好作用在表层和中间层的边界，在防御和感觉之间，就像一道无形的能量屏障，抑制痛苦和恐惧感从我们的无意识浮上表面。

根据我的经验，导致我们逃避的主要原因，并非是面对内在伤痛和空虚时产生的痛苦，而是那份恐惧。那份我们必须得正面相遇并从中通过的恐惧，那份放掉控制的恐惧。我们将生活保持在一种半上瘾的常态，好逃避那些必须得去面对的恐惧；当我们说明抽烟、喝咖啡和吃甜食等常见的习性，是来自害怕面对被剥夺、没有价值或空虚感的无意识驱力时，学员们通常会感到非常地惊愕。然而，对我而言确是如此。因为已经变得熟悉又习惯了，所以上瘾行为和被切断的感觉之间的联结，就显得不是那么清楚鲜明。**我们的瘾头癖好已经成为阻挡在我们有意识和无意识心智之间的一道积习已深的烟幕**。

然而即使试图逃避恐惧，生命无论如何都还是有办法驱使我们进入中间的感觉层；如果抗拒生命想要教导我们的，那么教训就会来得令人痛苦不堪。我有一个亲密的朋友，在一场几乎令其丧命的摩托车车祸后，终于认清自己必须更深入检视生命的方向。我们的高层意识、我们的深层心理，迟早会让我们将自己的感觉和能量重新联结起来；我们的各种上瘾症，是无意识地企图阻止这份无可避免的联结历程。温柔慈悲地检视上瘾症，可以和缓这股冲击；通过带入觉知与理解，可以减低它们的力量与吸引力。因为我们内在对自我了解的渴望，比恐惧更为强烈。

显性和隐性的上瘾行为

在某些情况下，要辨识我们的上瘾行为并不难，例如针对长期的物质滥用，我们不难发现是靠什么在隐藏感觉，因为这些物质就是我们使用来压抑感觉的方式。但是大部分的人在日常生活中紧抓不放的上瘾症，常是微妙而难以察觉的，全是一些用来消耗精力、避免接触内在感受的小手段。举例来说，我们的自我形象根深蒂固，使我们很少有机会停下来，检视自己如何利用自我形象来逃避感受痛苦，所有为掌控而有所坚持的态度和行为，都可能构成隐晦不明的上瘾症；越凑近去看，这些惯性的沉溺倾向就越容易浮现出来。甚至包括静心也一样，会被当成一种逃避的方式，而不是去邀请我们深沉的痛苦与恐惧浮现。

上瘾症其实是依据我们的性情脾气量身打造的，当中间层的感觉或能量开始渗透出来，扰乱我们的防御和控制时，痛苦和焦虑就会出现。为了舒缓痛苦和焦虑，有些人选择口腹之欲，把食物、药物和甜点拼命塞入体内。分秒必争地规划时间表或许才是最显著的一种上瘾形式，因为这么一来，就永远都不会有时间去感觉。除非感受非常非常强烈，否则马不停蹄的活动会让我们分心、持续深埋感觉。我们也可能沉溺在权力和掌控中，傲慢自大、认定自己做着重要的事来自欺，权力就像毒品，让我们远离自己的脆弱。同样地，我们也可能会对自己光鲜而八面玲珑的形象上瘾。

当我更深入地审视自己的上瘾行为时，发现掌握速度是我生活中非常显著的一种沉溺，让自己保持忙碌、来去匆匆，将日子排满要做的事。慢下来会让人害怕。在我大半的人生里，我忙到没有时间停下来好好想一想，这样的匆忙也可能是一种上瘾。西方社会其实已大规模地对速度上瘾。因为西方的头脑强调成就与进步，达成某个目标。我们对速度的瘾头可能透过摄取咖啡和甜食等物质而被强化，但是成功与成就的价值观强调“去做”而不是强调“存在”，这比起我们所吃的食物更能在不知不觉之间，让我们沉溺在速度的快感中。

在面对隐晦不明的上瘾症时，通常不是通过所做的事情本身，而是通过我们如何去做，来辨识是否为上瘾行为。几年前，我学会了一种做爱方式，强调深入的分享与停留在联结中，分享做爱过程中每一刻的经验而不是性高潮。这种方式，揭露了我过去如何狡猾利用与爱人间的性爱能量，作为逃避的迷幻药，逃避自己在亲密关系中无法全然暴露自己和面对自己无能的深沉恐惧。潜入上瘾行为的底层，使我所害怕的亲密，展开了崭新面貌。

不管我们利用哪种上瘾模式，它们的共同特性是阻止我们的脆弱感。**我们逃离当下，因为如果活在当下，就得和自己的恐惧正面相对**。仅仅是慢下来感受当下，就可以慢慢地改变我的西方文化制约，并将静心带入生活中，以逐渐疗愈我的诸多上瘾症。过去，我认为只要有足够的纪律，就可以约束好自己。但现在我发现，纪律本身就是我最大的上瘾症之一。

当我刚来到印度见到我灵性上的师父时，我遵行的是一种高度有纪律的灵性道途，并全然相信，只要够努力，一定能够开悟。然而，我的师父不但没有教我继续努力，反而要我反其道而行，放掉我的奋斗努力而好好享受自己。我的纪律其实是强化自我的一种方式。师父告诉我，上帝自然会找到我。这些话对我而言就像是晴天霹雳，让我看到了自己如何借着一种沉溺来避免另一种沉溺，而纪律本身绝对不是上瘾行为的解药。

那么我们该如何疗愈自己的上瘾症呢？我们如何找到一种温和而又充满承诺的生活方式，让我们不再浪费精力、仍能专注于追寻成长呢？我认为要回答这些问题，仍需要深入检视我们这些沉溺上瘾的行为是从何而来的。

上瘾症的原因

我们上瘾行为背后隐藏了些什么？为什么我们会选择变得无知无觉？

1. 无意识恐惧的深度与强度

恐惧感是如此深刻而常被隐藏，即使只允许它露出一丁点儿，我们就会害怕地赶快将之掩埋。当我对内在小孩，尤其是我自己的内在小孩有更多了解时，我看到自己曾受到的伤害多么令人胆战心惊，有时甚至觉得自己能鼓起勇气面对它，简直是奇迹。上瘾症帮我们将焦虑和痛苦阻挡在外，我们无法强迫这些埋葬的情感在尚未准备好时浮出台面，而必须以最大的敏感和耐心来面对自己。上瘾症是我们用来掌控眼前事物的主要方式之一，除了自己，没人知道它到底能浮现到什么程度。

当终于决定要终止某种上瘾行为时，必然会带出我们曾经深深压抑的感觉，也会带出内在的惊慌失措与空虚，这种现象就算不立即出现，也是早晚的事情。刚开始，我们可能会充满热情，采取行动来阻止这些自我毁灭的上瘾行为，并享受着一段看似恩宠的时光。然而真正的困难通常会在几个星期后才开始。我曾经陪着许多朋友戒烟，过程中最困难的时期通常是发生在几星期甚至是几个月之后，他们会碰上一股反弹力道，一种将他们的羞愧或缺乏安全感暴露出来的经验，或者他们会开始对享乐被剥夺感到厌烦，感到自己太过严厉、太墨守成规。任何一种这类情况都可能导致我们退回到原点。去除了瘾，我们变得更加赤裸裸，脆弱浮出台面。

过去那些曾经被我们忽略的小事，突然间带出了许多惊慌恐惧，这些惊慌恐惧过去通常包裹在愤怒焦躁的外衣底下。我们对周遭人们所表现的无意识、暴力和感觉迟钝变得更加敏感；因此更容易觉得自己是受害者，而想要放弃或迁怒于所有的人。除非我们真的想让它出现，否则暴露脆弱是相当痛苦的；由于恐惧如此强烈，我发现没有可以轻易处理上瘾症的方式，没有单纯的处方。有时，最具创意而有爱心的作为就是干脆停止；但是许多时候，最最忠实的方法则是什么也不做，只是尽可能带着觉知坦然地看着上瘾行为。

最近我帮一位女士做了一次咨商，她因为前任男友对她不再有兴趣而深受折磨；这位前男友有点矛盾却又申明他想要的只是友情，她无法接受他不再把她当成爱人，转而进入一种受害者的姿态，乞求他偶尔施舍一些关爱（我猜我们有很多人都曾经经历过这种情境）。她不由自主地照例打电话给他而总是遭到拒绝，从此变得越来越垂头丧气且更加自我批判。执着于这样的上瘾行为对她一点好处也没有，她自己也看不出来有何价值，她必须停止持续这样的行为，她其实并没有让自己感受痛苦，因为所有的折磨都只是上瘾的一部分，而不是真实的痛苦经验。她需要的是，马上停止打电话给他，并坦然面对因此而浮现的任何感觉。

但是，相反地，通常带着觉知观照与持续的内在工作，就已经足够了。我的一位朋友是个老烟枪，她知道自己抽太多烟了，也知道这么做是为了逃避内在的恐惧，但却无力停止。然而在生命的这个关键时刻，如果要借着纪律来叫她尝试戒烟，是粗暴而不自然的，因为随着她密集地进行内在工作，许多令人惊惧的童年时期的创伤，正逐渐浮出台面；只要能对成长抱持着这样的许诺，当她准备好的时候，上瘾症便非常有可能自动停止。

由于恐惧如此深刻而强烈，任何一种上瘾要能真正开始被疗愈，**都需要我们首先承认：除非揭露行为的根源，否则我们无力改变任何行为**。我们或许不能真正改变任何执着的行为，但可以开始感受痛苦。上面那个例子中的女士或许无法停止打电话给她的前男友，但当她一旦摆脱这种无意识的机械动作，她会开始感受到内在小孩的痛苦，这个内在小孩如此渴望爱，而她通过羞辱自己来得到这样的爱。我回想起自己有许多次深陷执着、不可自拔，唯一能做的就是单纯地接受这样的无助感。

2．羞愧

第二个和上瘾症有关的原因来自羞愧。就像我们内在有两股力量，其中一股怀着羞愧说着："何必认真呢？"而另一股则怀抱对真理的追寻说着："不要放弃！"我们经历着这种分裂：一半的我们只想要舒服的感觉，并不想许下承诺、专心致志；另一半的我们则知道不屈不挠并保持健康的身体是有益处的，知道珍惜时光、遵循自我成长和专注于内在工作是有价值的。

羞愧强化了我们不愿意投入成长的那部分，因为它掠夺了我们的自我价值。如我们所见，羞愧导致我们对生活和对自己根深蒂固地缺乏信任。即使痛苦受伤也要待在当下，除非我找到这样做的价值，否则我又何必那么做？除非了解不畏挫折失败坚持到底的价值，否则自我放弃、怠惰或隔绝，岂不是比较容易？唯有当我感受到安于当下所带来的滋养时，我才比较可以不受那些能立即满足我的事物的吸引。

不屈不挠、延缓满足和忍受挫折的能力，来自被爱、并被教导去信任自己，信任我们的创造性能量。如果这些都被剥夺了，我们便会失去最基本的信任感和专注力。以下是我们能面对整个童年时期最重要的一些信息：

- 深刻地感受和允许痛苦，在生命中是有价值的，因为它带来了深度和智慧。
- 所有的价值，无一不是来自用心与毅力。
- 生命是极其珍贵的，它让我们有机会创造、给予爱并接受爱。

从来没有人教我感受痛苦是有价值的，那是很久以后我才学习到的。不过我倒是早就学会了百折不挠的价值。我记得当我还是个孩子的时候，父亲常常花好几个钟头来练习长笛、学习他工作的每个不同国家的语言，我也记得母亲在她的工作室里，雕刻着巨大的大理石作品，连续好几个小时不歇息。在那时，我就学到，有些事是极具价值的。我也看到父母对待生活的热情与活力，他们通过这样的精神影响了我；我猜想，这些教诲让我即使处在绝望的时刻，也不至于受到危险的上瘾行为的诱惑。

3．缺乏帮助成长和静心的支持

灵性追寻者的必要需求之一，就是找到一个可以为成长提供支持的环境。即使我们受过严格的锻炼，也无法独自做到。为了这样的原因，大部分精神或灵性上的师父会创立一个围绕着他们的社区，以提供专注、稳固和许诺。少了这样的支持，我们自然会失去强度，隐性的上瘾行为也会就此继续下去。一个专注于灵性和情感成长的环境，让感受因为戒断瘾症而引发的痛苦与空虚充满意义。

我们所生活于其中的社会和文化，不但不能帮助我们进行内在工作，甚至还会阻挠它。我们的灵魂及整个文化的灵魂都病了。我们选择消遣娱乐并借由上瘾来破坏自己的健康和能量，因为我们已经失去了精神上的焦点，甚至也失去了对灵性追寻过程的信任。如果我们想要从沉溺转向觉醒，就必须疗愈这个灵魂伤口；单只是改变行为，无法带给我们更多觉知，除非我们的觉知层次改变了，否则不可能持久。如果我是靠着纪律或因为有罪恶感而停止去做某些事，那么它终究还是会再发生。

我们绝大多数的人都有着非常严重的上瘾倾向，因为西方文化已经无法领会：灵性成长需要温和而放松的纪律。这种西方人已经失去的智慧，在某些东方精神传统中仍然被保存着，这类传承视生命为一个宝贵的机会，一个让我们深入静心并走上灵性道途的机会，它开启了我们学习灵性教诲的过程，而有些教诲是十分困难并会使人痛苦的。因为这样的真理并不存在于我们大多数人的制约中，所以我们也无法看到挣扎与痛苦的价值。我曾读过一本书，里面有一段描述让我非常感动，那段文字描绘了一个即将进入僧院的六岁小男孩，在僧院外头安安静静有耐心地等待了好几个小时，直到上师把他叫了进去。

羞愧的感觉让我们只想寻求短暂的高潮，我们寻求暂时摆脱恐惧与羞愧的片刻经验，来避开疗愈它们时会遇上的痛苦历程；逃避牵引着我们寻求快捷方式。我们想要活在真实性、活力充沛的感觉中，却又不愿经历感受羞愧与恐惧的过程。因此，我们会企图抓住任何一种强迫性的上瘾行为，好让我们再度感到完整而有活力。或者，我们会沉溺在精神涣散的生活中，失去对成长的专注与热情。

每个人都需要找到独特的方法来帮助成长，上瘾的最佳解药或许只是找到支持的力量，让我们能专心致志地走在追求成长和寻觅真理的道路上。这么一来，无论上瘾的冲动多么难以抗拒，无论内心懒惰放弃的念头有多么强烈，我们对真理的追寻都会更坚强不辍；在内在工作的历程中保持专心致志，也许是我们能为自己做得最有滋养和帮助的事了。当我们的存在开始活跃起来之后，上瘾行为自然而然随之消失，生命自己重新启动能量，而我们也会找回尊严。

松紧适度

有个佛教徒故事，是关于一位跟随佛陀的著名弓箭手。他带着无比的热情探求灵性道途，将自己置于最严格的苦行当中，直到几乎死于绝食与困顿中。佛陀看着事情发生，然后终于把他叫到跟前。佛陀问他是否记得，当他还是个弓箭手的时候，是如何拉弓射箭的。弓箭手告诉佛陀：在射箭的时候，必须将弓拉得恰到好处，不能太紧也不能太松。佛陀凝视着他说：求道之路亦如是，要够紧绷来保持警醒，但也要够放松来处于安宁自在。“你把你的弓拉得太紧了”，佛陀告诉他。

我们每个人都要学会拉紧自己的弓。就某些人而言，弓太松了就会变得放纵懒散；但对另外一些人而言，弓拉得太紧，则显得过度严厉拘谨。过去，我总是把弓拉得过于紧绷，求道之旅充斥了太多限制与纪律，使得幽默感和放松自在越来越少出现。一个人实在不该为了任何事而付出“失去幽默感”这么大的代价。整整有五年的时间，我婉拒甜食、滴酒不沾，连咖啡和茶都免了。我甚至认为性能量应该要转化成更高层次的能量，并试图学习所有的技巧来达成这个目的。多年来，我每天花好几个小时来练习瑜伽和静心，我认为做任何其他的事情都是在浪费时间。这样的态度助长了我的压抑和自以为是，并让我一直保持节制。

但之后我对保持节制和精准，开始觉得反感并走向了另一个极端。我遭遇到修行者危机，并沉溺在过去曾经（以及未来会）被我强烈批判的种种事物之中。没有中庸之道，只能不断在两个极端间来回摆荡。一直到遇见我灵性上的师父，我才了解成长是需要放手的。我过去的所作所为只是在制造紧张，是个不折不扣的紧张大师，是时候去面对自己内在的恐惧和真实感受了，那些我用上瘾的纪律和紧张来试图掩饰的感受。

似乎每种情况都该单独评估，我们得问问自己，什么才是和底层感受联结最具创意的做法？有时我们的确得做些事，像是动动身体、做一节有帮助的治疗，或是改变一下位置，任何合适的方式都可。然而有时候，最有创造力和最能帮助我们成长的作为则是什么事也不做，只是静静地看着。我们每个人都有属于自己的上瘾行为。有些上瘾行为对身体较为有害，有些则较为容易被辨认出来。那些被社会所接受、在社会中获得权力或工作和成功的奖赏、对奢侈品的占有欲或是迷人的外表，往往都是最难以根除的上瘾症。但慢慢地，随着内在工作的进行，越来越深地走入静心，我发现：安住当下并深入自己的感觉，比持续地逃避行为，更能让我得到奖赏并感到喜悦满足。

练习：

辨认并处理上瘾症

当我们运用静心冥想的方式来对抗上瘾症时，不应该将焦点摆在行为上，而是要揭露行为背后的根源，不要专注在改变任何事情上，而是要观看并感受底层的一切。刚开始，可以先严密仔细地找出你用来逃开当下和深刻感受的所有作为，不带任何批判及压力地检视这一切。这些模式已经根深蒂固，它们掩盖了你的伤口，那些你的意识说什么也不愿对自己敞开的伤口。

- 请仔细留意你做了些什么来把自己带离当下？
- 当你清醒地安住当下时会产生什么样的恐惧？
- 此刻你正在逃避些什么？
- 你正在做的事让你感到像是在逃避，还是让你感到有创造力？
- 请留意究竟哪些事情触动了让你沉溺上瘾的扳机，是拒绝、压力、失望，还是害怕失败？（当我们的上瘾变成习惯时，在行为和我们真正想要逃避的事物之间的联结，就会变得模糊不明。）
- 在此刻，你是否感到害怕、焦虑或缺乏安全感？
- 你如何通过其他方式而不是上瘾来滋养你自己？

第四部

疗愈恐惧——蜕变的途径

第十二章　回到感觉

在这一章节中，我们要探索三种方法来疗愈我们的恐惧以及我们惊慌受创的内在小孩。首先是要有能力去感觉。大多时候我们之所以害怕，是因为无法与自己联结，在每一个片刻感觉自己。找到方法将感觉带回来，与我们内在的惊吓、羞愧与麻木在一起，重新发掘各种不同感觉的丰富内涵，如愤怒、喜悦、悲伤、性的活力，即使是宁静，也将变得更为深刻。

我们已经知道，所有复杂的情绪都潜伏在我们的中间层，所有我们内在紧紧缠绕着的伤痛、压抑的愤怒、羞愧、惊吓和害怕。然而，与这些感觉的直接接触，又是另外一回事。问题在于，如何接近这些感觉呢？每个人的历程都不一样。我们都有不同的惊吓与羞愧经验，而这些创伤经验影响了我们感觉的能力。因为我自己是个饱受惊吓的人，一直以来，我的问题是，如何在没有催促、没有压力、无须“做什么”的情况下去感觉？

我工作时用来帮助人们联结到自身感觉的方法，都是曾经对我自己很有帮助的方法。

这些方法有6个重要原则：

- 建立一个没有批判或压力的气氛。
- 透过了解与接受来疗愈。
- 给予空间去感觉及承认我们的羞愧与惊吓。
- 建立一个承诺与专注的能量。
- 聆听与信任身体。

● 重新唤醒我们的内在智慧。

卸除压力

如果我们曾经历过重大惊吓，将感觉压抑了下来，将会很难再去联结感觉。我从来就不容易感受或表达自己的感觉。我曾因不容易哭泣或无法立即碰触到我的愤怒，而批判自己。我一直以为，所谓敏感的人是可以允许自己哭，而有力量的人则是可以允许自己愤怒。然而我两者都不是，我觉得自己动弹不得，糟透了。只要感觉到些微的压力，我就会整个人停摆，甚至更糟。

现在，我了解到不是只有我是害怕的。**除非我们的内在小孩，感受不到丝毫需要去感觉，或是改变什么的压力，否则我们无法进入自己的内在最深处**。我们或许会表达愤怒和悲伤，但是最核心处依然是隐藏起来的；我们甚至会进入一种替代性的讨好状态，来与治疗师进行联结，而不是依着自己的步调给予足够的空间，找到自己感受与表达情绪的方式。我在作为精神科住院医师实习期间，有一位精神病医师，首度帮助我看到，我之所以在感觉与表达情绪上有困难，只是因为在我的原生家庭中，并不允许感觉，表达就更不用说了。那是第一次，一位治疗师确认我有感觉上的困难。由于这个确认，我开始了卸除压力的历程。

他也对我解释说，**我们不能去催促无意识**。**当准备好时，一切自然会来到**。以前我以为如果我不催促，那就什么也不会发生。而且他还说，他不需要看到我的哭泣才知道我正在难过。这些话才是支持我面对伤痛所需要听到的，或许这是第一次，我深刻地感受到被看到和被了解。我的感觉是被锁住的，而我的催促只是让自己更远离真实感受的一种补偿机制，这主要与我的制约有关，而不是真实的我。我仍然在当个“好男孩”。然而，在温和的对待下，我们的内在小孩会愿意现身。他或她需要感觉到没有威胁、没有压力以及没有期待，然后依着自己的步调和方式，这个内在小孩会逐渐现身，或许非常缓慢，但的确是真正的他自己。

带进了解与接受

当我们能够对于自己的经历有所了解时，我们的能量就已准备好要自发地释放开来。直到我在学习关于惊吓时，我仍然会批判自己在面对恐惧时的没感觉和瘫软无力。我认为只要是“在我的能量中”，就没有问题，但是当我被恐惧逮住时，就是不对劲的。现在我知道“在我的能量中”这个想法，事实上根本不是我真正的能量，它只是个补偿行为。的确，在一个强烈的能量发泄活动之后，我确实感受到一股蓬勃的生命力。我觉得充满力量，开始觉知到自己是如何地在妥协，而且突然之间有勇气来设定我的界限。所发生的这一切是很重要，但是仍然无法触及我的核心。

这有点像是“溜溜球”。某些时候充满活力又信心满满，某些时候则是退缩而冻结。我无法始终如一地发展完整感并归于中心，而改变的契机来自我对羞愧与惊吓的了解，承认当我面对批判、暴力或压力时，我的内在小孩会在恐惧中冻结。我开始在更深的层面上了解和欣赏自己，不再以是否有活力来评断自己。我开始懂得欣赏这个内在极度敏感的生命体，他学习到使用非常能干的“有作为者”的面具来掩饰深沉的恐惧。我们的疗愈来自充分的了解与全然的接受，而不给予丝毫的压力与评判，认为自己应该是怎样才对。有了这样的了解，我们才可以回归真正的中心和内在的宁静。

感受惊吓和羞愧

惊吓和羞愧是我们情绪的自然状态，我们需要去承认和感受。如果不承认这些状态，我们就会因退缩或是羞愧而责备自己，或是以某种替代的方式去避开羞愧与惊吓。但不论是哪一种状况，我们都无法从中走出来。在哪里跌倒，就应该从哪里爬起来，而不是在我们所认为应该的地方重来。如果羞愧与惊吓出现，那也是我们必须去感觉的。对此，我们要以不同于平常的质量来感觉自己。

通常，当某些强烈的情绪将我们拉向内在时，我们才会去感觉。这种情绪的力量，大到足以将我们从旧有的习性和无意识的自卫中抽离，在这个片刻将我们转向内在。但是当我们处在羞愧与惊吓中时，我们无法感受到情绪，它是被阻断的。我们所感觉到的是一片空白，因为惊吓和羞愧就是如此运作的。在这之后，如前面所提，我们会因为没有感觉、没有“在我们的能量中”而瘫软无力，或因为没有办法表达自己，而批判自己。这对于重新回到感觉没有多大帮助，只是个恶性循环。然而，我们可以经由承认及感觉自己的垮掉，来走出这个恶性循环。尽管如此，当我们无法按照本意做自己时，我们依旧会不喜欢自己。

当某人说了或做了让我们感觉受伤的事，事后我们或许会想到千百种方法去辩解，但是在那个当下，我们是受惊吓的，之后又会因为没有为自己挺身而出而自责。在这种状况下除了感觉惊吓与羞愧外，什么也做不了。这也正是我们所需要去经历的。除非允许自己感觉羞愧与惊吓的创伤，并且给予自己全然可以进到感觉里的空间，否则我们永远无法得到疗愈。**我们可以一辈子用补偿的方式，来逃避惊吓与羞愧这些不舒服的感觉，但是它对我们的成长并无帮助**。对成长有帮助的，是进入这个创伤。在我们的生命中，会一直不断创造经验来引发它们，只有如此我们才得以有机会再度感受它们。

在第三章和第四章中，我曾提到羞愧和惊吓独有的状态，而且每个人都不一样，我们可以从身体上感觉得到。但是我们需要时间来学习，才能知道那是什么样的感觉。以我自己本身的经验为例，我有一位朋友，每当我和他相处时，他几乎总是让我处在惊吓状态。每次和他在一起，总有各种理由让我感觉羞愧和不如他。每次在与他相处之后，我内心都感到非常恐怖，却从不知道为何会如此。但是，我开始留意到一些征兆。首先是我会有一些念头，像自我批判、自我怀疑以及不安全感。接着是身体的感受，我的太阳神经丛感觉凹陷、软弱且无力。我感觉昏沉而没有尊严，觉得自己在妥协，并且把自己的力量交出去。

就某方面而言，承认羞愧与惊吓，也是去指认出是什么事件触动了这些感觉。例如，与家人相处，通常会触发强烈的羞愧与惊吓。我也常发现，那些与自己的羞愧和受伤的内在小孩没有联结的人，当我向他们敞开时，我的羞愧也会被挑起。由于我们过往的伤害与经验，内在小孩迫切地想要得到权威人士或是所敬仰人士的认同。这使我们成为一个受害者，招来羞辱和伤害。

不论是去感觉羞愧或是惊吓，都不容易。它们是令人不舒服的感觉，我们也宁可不去感觉。因为它们不是能量蓬勃的，所以也不容易感觉到。事实上，它们使我们丧失能量。对于充满能量的情绪，我们就比较容易感觉得到，诸如悲伤、生气、性欲或喜悦。羞愧和惊吓本身则是缺乏能量的。然而，这两种仍然是感觉的状态，需要给予足够的空间与承认。在内在成长的价值上，这两样与其他的“感觉”是一样的。除非我们给予自己空间，愿意去感觉它们，否则什么也不会发生。我们需要学习完全接受自己当下的状态，没有任何批判与期待。

建立承诺与专注

当我们真心想要疗愈时，整个生命为了把曾经深埋的感觉唤醒，会变成一个竞技场。开始觉知到自己所携带着的创伤时，所有曾经被压抑的感觉与活力，自然地都会浮现出来。即使是最微不足道的生活琐事，也会挑起感觉与反应。父母、爱人或是朋友之间的对话，都会变得非常有影响而唤醒感觉。一旦我开始疗愈受创的内在小孩，几乎无法与人有泛泛的交谈，尤其是那些与我较亲近的人。每次与我父母对话时，我都可以感觉到有什么被刺激到了。

正是对疗愈的承诺，引领着我们进入感觉。就好像我们向老天祈求，重新燃起我们感觉的本能，而“他”回应了。在我们的工作坊中，会单纯地要求学员放下对感觉的任何催促与期待，取而代之的是对于疗愈的意愿以及不论浮现什么，都愿意待在当下。我们进行许多情绪的内在工作，让人单独地躺在垫子上，经由静心冥想，引导他们进入隐藏的愤怒、悲伤、性意识、喜悦与寂静中。我们邀请学员将注意力放在此刻和即将来到的经历上。

我们要求他们视此刻为他们这一生中最重要的时刻，并且允许存在带给他们想要的一切。只需要带着这个承诺、专注与待在当下的意愿，其他的什么都不必做。之后，温和地引导内在的创伤探索之旅。利用言语、音乐和一些呼吸来帮助探索，会更有效果。这样的方式可以宣泄出许多感觉，对每个人来说，都是独特又安全的。

聆听和信任身体

当我对自己的身体有觉知，就不再认为我无法去感觉。我的感觉一直都在那儿，所需要做的，是停下来并注意它，我们的内在一直携带着这个珍宝，就只等着我们发掘。当我们不信任自己时，也会不信任自己的身体。教导如何以简单的方法，感觉身体内细微的感受，这是带回感觉最重要的基本学习之一。

聆听和信任身体，意味着什么呢？我们的身体是极度敏感的，而且也比我们的头脑更接触到我们的内在深处。

我们的身体不会因自我批判而伤痕累累，它只是感觉着。而这些来自身体的细微信号，持续发出我们情绪状态的信息。可能这些信号越细微，羞愧与惊吓的程度越强烈。但是如果我们可以学习往内更靠近些，那么不论它们被埋藏得有多深，我们都可以觉察到。重新去发现自己的内在信息，对每个人来说都是一个持续进行的静心。而这个静心主要是学着让我们喋喋不休、自我批判的脑袋安静下来，如此我们才能够再度聆听。

学习再次聆听及信任身体的这个过程，是极为主观的。在身体某些特定区域感受到悲伤、生气、喜悦或恐惧，这些感觉大致上是一样的，但是每个人呈现出来的则千差万别。因为我们的身体、羞愧与惊吓，都是独一无二的。我们每个人对自己的恐惧、愤怒、悲伤、沉默，都有自己独到的发现与辨识。这是个令人兴奋的探究过程。

唤醒内在的智慧

在所有这些悲伤、恐惧、生气、喜悦的感觉之下，蕴涵着某些我们所丧失的内在更深层智慧。这内在的智慧犹如一盏明灯，时时刻刻告诉我们，什么是滋养的、什么是适合的，什么样的感觉是对的、什么不是。它帮助我们知道自己想要成为什么、想要做什么和想要去哪儿。我们与这个感觉已失去了联结，因为通常在童年时期它就不被支持。为了将感觉带回来，并且再次学习信任，我们会创造机会，去再次经验一番，作为考验与挑战自己的方式。

就我记忆所及，我也不信任自己的直觉。我内心一直都知道，什么样的人是滋养我、也让我感到放松的，还有什么样的人会让我感觉紧张与焦虑。然而，我却无法信任自己的直觉，一再地怀疑自己。正因为不信任自己的内在感觉，我会妥协、羞辱或是否定自己。我常常会处在应该为自己站出来，并且说“不”的状况，但是我却不信任自己。

当我们能够留意和信任自己内在的信息时，直觉是非常清晰简单的。这些信息常常来自对身体的聆听和感觉。当感受到被爱、与某人相处舒服而敞开以及什么是滋养的，身体会知道，并且以它的方式告诉我们。我们的头脑或许会喋喋不休，也会去听别人所说的每一件事情，但是身体知道什么是我们所需要的以及什么是对的。

学习聆听我们的内在智慧，也包含学习聆听与平衡我们内在的两个部分。一部分是想要自由，而另一部分渴望拥有安全感。想要自由的这一部分，会一直催促我们在生活中做出重大改变，召唤我们进入未知的领域、远离苦难。它想要不计代价地将我们从压抑与自我妥协中解放出来；将我们从不健康的关系中解脱出来，或是在我们的工作处境上、生活状况上做出改变，如果它们对我们的成长，已不再有帮助。

但是这些改变对我们内在另一部分需要安全感的脆弱、惊慌的内在小孩而言，却是无法承受的。我们也需要尊重我们的内在小孩需要安全感、平安与温和，这部分的我们，害怕打破束缚，也害怕未知。如果能够学习到对这两边都足够的敏感，成长就不会有暴力。自由与安定这两边的需求，会在和谐的步调上同时前进，而且会根据我们所需，流畅地移动。

结合强度与敏感度

我们每一个人都有的“带回感觉”旅程。而我的经验是，带着深刻接受与了解的特质、温柔的耐心以及坚定的内在，会让我们的敏感与生命活力，一起显露出来。我们所寻求的内在成长与改变生命的方法，犹如一直在弹奏的乐器般精确细致。内在敏感而纤细，而感觉却又强烈而有力。在我过去的治疗中，常会为了强烈的感觉，而妥协地放弃敏感。但随着我静心的成长，如此的妥协就不复存在。将强烈的感觉与内在的敏感纤细加以整合，是我提供给自己和别人，进行内在疗愈工作的动力。

过去，我需要透过强烈的情绪发泄，才能感觉到自己的愤怒。这样做是有目的的。有时，利用强烈的经验将我们带入埋藏已久的深刻伤痛，也有其必要性。但是学习“带回感觉”，基本上是一个片刻接着一个片刻的静心，观察和感觉一些小事件如何引发愤怒、伤痛、喜悦或是快乐。这是一个时时刻刻持续进行的静心，每当一个微细的感觉升起时，观察是什么引起的以及如何引起的，它们又是如何影响心智，留意它们对我们的能量如何作用，也留意我们对喜乐的执着以及对愤怒与伤痛的排斥，观察当中的每一个变化。

静心：
带回感觉

让你的身体处在一个舒服的姿势，坐着或躺着。放松你的手脚，开始慢慢进入更深层的内在。放松下来，继续往内。温和的调整自己进入到身体。直接将注意力放在你的身体上。

开始将注意力放在心上。感觉着这是一个充满慈悲与接受性的所在。或许你能感受到这个接受的质量，犹如一股能量从你的整个存在放射出来。想象你的整个存在，沐浴在这接受的能量中，在这慈悲中。允许这个接受给予内在一个较大的空间，越来越多的内在空间用宽容取代批判。所以现在有较多的空间来观照你自己和感觉你自己，有空间去观照、去接受、去感觉，观照和感觉所有的一切、任何你所发现的。

在这样的宽容、这样的接受当中，你可以开始留意当下这个片刻正在发生什么。你可以留意身体里发生了什么。给一些空间，将你所有的觉知带回到你身体。留意这个身体，是什么抓住了你的注意力？有任何地方让你感觉到紧张和紧绷吗？如果是，观察它，感觉它。看你是否能放下任何批判，就只是让自己与它在一起、并且去感觉它。带着敞开与好奇留意着，温和地放下任何批判与期待。

留意当下这个片刻你的任何念头，它们是如何引起你身体的感觉？在这些念头下有什么样的感觉升起？它们又让你感觉到什么？只要观照和感觉、观照和允许。让自己对于这个身体和来自身体的信息，变得非常敏感。那是感觉，时时刻刻在感觉着，每一个片刻，非常敏感、纤细、准确。我们的念头与我们的感觉、我们的身体、我们的感受，是如此的紧密相连，一个片刻接着一个片刻，在身体内的每一个片刻。

就在当下，此时，此刻。与身体在一起，与念头在一起，与感受在一起。观照着，感觉着，允许当下的一切。感觉着它。任何时刻我们都可以转向内在。允许这个静心持续下去，总是觉知着身体。要更信任身体，只要学习温柔地、靠近地聆听。如此一个敏感的乐器，在每一个片刻帮助我们转向内在，在每一个片刻聆听我们的真相。每一种情绪，在每一个片刻，都有着它自己的身体感受。

开始转向你的内在世界，一个感觉与感受的世界。

留意着每个浮现出来的念头，再次地完全接受它们。批判的念头、任何的想法，就只是观察着，然后回来留意内在的感觉。

开始熟悉身体的感觉与感受，给予足够的空间与允许，将这些感觉带到你的腹部。即使是极微小的感受或是感觉，也要非常的敏感。就只是感觉与允许，什么都不需要发生。越来越熟悉允许和给予空间，没有批判，没有必要做任何改变。只有感觉，转向内在，发现你的内在世界。

现在，允许你自己回来。温和而缓慢地回来，但是随时带着对身体的这份觉知。回来，并且张开你的眼睛。

第十三章　生活的热情

——用能量与冒险点燃生命力

卡塔琳是我们工作坊中的一位学员，她说每次我们引导有关羞愧或是惊吓的静心后，她都有入睡的困难。她已参加过我们的几个工作坊，一直感到很沮丧。阿曼娜和我与她分享，认为她的状况是失去了活力，她已习惯认为自己是个没什么活力的人，而不知道这会妨碍到她的疗愈。阿曼娜鼓励她在日常生活中，最起码每天做一些可能让她的身体较有活力的运动，任何她喜欢的运动都行，例如游泳、瑜伽、慢跑、健身、跳舞，或是在大自然中散步。

唤醒热情

我们认为这是在蜕变与内在成长上非常重要的因素。觉知需要能量，克服自觉不如人的羞愧与恐惧，也需要能量。羞愧和恐惧通常会削弱生命力，并让更多羞愧与恐惧的负面思想，占据我们的心智。要从这毁灭性的模式中挣脱出来，需要下一些功夫。我们用来得到和提升能量的方法，可以包含那些能直接唤醒身体能量的活动。生命能量在身体内的感觉如此美好，我们越给予身体能量，身体就越能够习惯拥有它，也就越渴望能维持在一个常规的基础上。当我们已习惯使用我们的身体时，它就成为一个有力的资源，可以克服已深深烙印于我们内在的羞愧与恐惧。

经由活动身体所产生的能量，也能够扩散到生命的其他领域，帮助我们感受生命和生活中的热情，而我们的创伤早已让我们与这样的热情失去联系。身体的活动通常是点燃这股热情的第一步，之后可以延伸到让我们的日常生活也充满创意和趣味，带着热情成长、学习、发现新事物、旅游，尝鲜冒险，诸如学唱歌、作画或创作音乐。这份帮助也可以倒过来发生，我们的创造力及其效应，能使我们对身体的生命能量更有觉知，因此而变得对生活更有热情。当我们开始迈步进入热情生活的新旅程时，找到支持及指引是很重要的。许多个案及朋友曾经跟我说，不论是唱歌、听音乐或是舞蹈，他们刚开始都是从找适合的老师开始，然后从活动中受到激励，去克服恐惧与勉强。

冒险去唤醒热情

我记得曾看过一部喜剧电影叫《天生一对宝》（*What About Bob*），由比尔·墨瑞（Bill Murray）和里察·德瑞福（Richard Dreyfuss）主演。里察·德瑞福饰演一名精神病医师，他刚完成一本名为《婴儿学步》的书，他将此书送给一名病患——比尔·墨瑞，以帮助他克服恐惧。他一直没有读此书（或是就算他读了，也只是大略翻过），但仅只是随身带着这本书，就足以让他具有多一些的勇气。“婴儿学步”的观念，非常适用于我们冒险来疗愈羞愧与惊吓的过程。在这过程中我们所必须采取的态度，就像婴儿学走路一样。步伐的大小对结果没什么影响。即使是任何挑战到内在恐惧的最小步伐，也能启动能量。而能量带动成长与蜕变。这才是我们感兴趣的。

这股能够除去羞愧外衣的能量，来自生命力。了解与接受是疗愈的消极被动向度，而冒险和唤醒生命能量，则是积极主动向度。

透过点燃生命能量，提供疗愈时所需的能量。**这股能量来自“丹田”，来自我们的中心**。如果我们让它流动开来，就能够很自然地维护我们的尊严和创造力。然而，我们的羞愧抑制了这股生命力，在童年时期，这活生生的能量就已经被关闭了。正如我们所见，我们无意识地限制了这个能量，好换取爱与认同。现在每当想要重新拾回这股能量，让自己从舒适和熟悉的窝里出来，进入未知，我们必定会面对巨大的恐惧与罪恶感。然而，我们可以继续过着被羞愧、恐惧和罪恶感所束缚的生活，或者，我们也可以选择经由冒险来考验它们。

冒险引发恐惧与羞愧

阿曼娜和我，经过一整天的健行之后，待在阿尔卑斯山上的温泉旅馆，享受着我们所喜爱的食物。隔桌坐了一对年轻的德国人，他们也是花了一整天的时间健行，但是不知不觉地，他们走了一段比原本计划更长、更艰巨的行程。男朋友有恐高症，在回来的路上，有一段八百米的落差，他们必须以绳索绑住岩石来帮助自己攀爬下来；男友的身体由于恐惧而颤抖不已，他的女朋友比较有经验，必须抱住他、使他能够完成。辨别我们是否在尝试冒险的方法很简单：当我们冒险，远离已知与熟悉的事物，每踏出新的一步时，都必然会带出恐惧。因为我不想被自己的恐惧所支配，因此我邀请并且接受挑战。在此同时，我也必须学会尊重、接受和承认自己的恐惧。在冒险过程中，我们必须在冒险进入新的事物以及接受自己也会害怕这两个部分之间，找到一个平衡。

冒险也会带出羞愧、怀疑和不安全感，因为我们的内在小孩，仍记得过去在挑战现状时所招来的处罚、羞辱、指责，或是失去爱，这可是不小的障碍。冒险会挑起一些深而久远的恐惧，这对我们内在小孩的心灵而言，可是非常恐怖的，但若是停留在内在小孩的恐惧中，也需要付出太高的代价。事实上，每当我有勇气去冒险，并且顺应生命能量、热情和活力时，我负面的信念就开始粉碎，而我认为将会发生的后果也从未发生。它一直带领着我朝向我应去的方向。

当然，那是事后才得到的证明。每个新困境都会带出同样的难题，但是我们总要找出方法，勇于一试，甚至于以最小的冒险作为开始，来疗愈这个创伤。没有什么伤口是大到无法被冒险所疗愈的。疗愈恐惧将会重新恢复我们的自信、勇气和尊严。

冒险的三种领域

我们将遇到什么样的冒险并没有一定的准则。每个人生命中任何时刻的冒险皆不相同，某人的冒险可能却是另一个人的上瘾行为。然而，有三种领域的冒险，会改变我们的生活质量。

- 愿意更为脆弱——去敞开、去探索自己的防御和保护机制，并且暴露我们不为人知的秘密和黑暗面。
- 愿意过诚实的生活——敬重我们的承诺与诺言，就算害怕也愿意与人分享。
- 愿意更有活力——强化创造力，并且穿越恐惧、羞愧、沮丧和失望，一旦为了要有活力和创造力而冒险时，这些都会无可避免地引发出来。

在所有这些领域中，结果并不重要，重要的是我们考验自己极限的意愿，因为这份意愿对我们的较高意识传送了一个信息，那就是，我们已准备好要进入到一个新的觉知层面。这三个领域的冒险，一定会让人感到害怕。让我们来看看这三个领域的冒险。

1. 冒险成为脆弱的人

我选择这一项作为开始，因为一般人会认为，冒险应该属于比较男性导向的。但是现在我得承认，至少对我而言，最大的冒险是成为脆弱的，放下我的控制、保护而去感受。我已用很多方法来考验自己的恐惧和极限，但是没有比感觉自己的恐惧和无助，更让人害怕了。这依然是我最困难的地方。我会想尽办法避开我的腹部，不要去感觉我的无助、依赖、渴望以及被拒绝与被遗弃的恐惧；我会责备、抗拒、转移焦点、吃甜食、让自己忙碌，或是看电影。然而，当我有足够的意识及觉知来看待自己的行为时，感觉这些行为背后的恐惧就变得容易多了。

冒险成为脆弱的人的方式之一，就是暴露自己。我们每个人都紧抓着秘密，将自己锁在孤立与自责之中。爱丽丝·米勒在她的《幸福童年的秘密》（*The Drama of the Gifted Child*）一书中指出：一堵缄默的墙，环绕覆盖着我们的羞愧感，而要瓦解这堵缄默的墙，我们必须学习分享。我们或许会因此而恐慌，但是一旦我们去做，就会带来如同从灵魂卸下重担般的感觉。此外，羞愧将我们的喉咙中心关闭了，如同一股能量阻塞在我们的喉咙，阻止我们表达自己。然而，冒险去敞开和暴露自己，可以帮助疗愈这个伤口。

在我生命的不同时刻里，我已多次自我挑战来显示胆量，但是要我敞开与暴露羞愧，还是很难。首先，就在不久之前，要说出我的弱点或暴露缺点，我仍认为有损自我形象。通常，我不知道如何与人分享，因为我已经习惯把自己孤立在痛苦中。我找不到适当的言语，只能将自己深埋在创伤里，而且我无法信任，在心理上完全是反依赖的，不相信如果自己敞开了，有人会在那儿接纳我。我的脆弱躲藏得如此深，甚至不知道当真有人在那儿陪着我时，将会是怎样的情景。

然而，慢慢地我学习到了敞开的方法。过程很慢，但是值得。我发现与某些人在一起时，某些言语和感觉就自然来到。他们的接受、活在当下以及他们本身的经验，似乎在邀请着、也触动着让我敞开自己。在别的状况下，我发觉不只分享很难，我甚至无法碰触到自己的感觉。了解到这一点，让我无法表达时不再过于批判自己，而是会等到内心较容易敞开的恰当时机。

重要的是，我们必须留意自己的期待。在我们终于能够敞开时，也并不保证一定会有个人愿意聆听我们，并且完全地了解我们。如果我们有这样的期待，那就不是真正的敞开，通常拒绝也会随之而来。但是，一旦孤立的痛苦大过于被羞辱或被拒绝的恐惧时，我们自会走出洞穴，并且决定无论如何都要敞开来。当我们可以敞开自己而没有任何期待时，我们已在渴求已久的、寻求了解的路上。

2. 冒险成为诚实的人

当我冒险成为诚实的人的同时，我也冒险成为单独的。活在自欺欺人的虚假和谐中，当然是比较安全的；如此一来，我就不必冒某人会与我绝交或对我生气的险。同时，我也不必在生活上冒险去做改变，让自己有所损失，然而，我不喜欢不诚实的自己。过去，因为我不知还有什么更好的生活方式，因此我必须让自己去适应过着不诚实的生活。我一直处在不诚实的环境。在我小时候，就发觉社会充满了不诚实，人们戴着口是心非的面具，在别人背后谈论是非。我们的制约是不要冒不愉快或不和谐的险，假装一下也比有摩擦好。而不诚实的结果，是使我们的生命受苦。

学习成为诚实的，需要重新建立与人相处的基本方式。直到现在，对于那些我觉得会抵制我、拒绝我或对我生气的人，当需要和他们谈论事情时，我还是觉得很恐怖。我不喜欢当面对质或生气。但是，另一种状况更糟，就是当我该说而未说时，所付出的代价更大。我开始怨恨和有所隔阂，感受到有摩擦时，就变得小心谨慎，萎缩在自己的能量里。对曾经历过羞愧与惊吓的我们，最困难的一件事，就是去表达和活出我们的真相，并且去面对曾经伤害过我们的人。

当朋友与爱人间不坦诚时，关系就破坏了。随着日积月累的不诚实，距离与怨恨也跟着增长。爱人之间，性关系首当其冲受到影响，因为在性爱中撒谎是很难的。最后，除非将事情澄清，否则关系无法继续，我们会处在一个痛苦而乏味的状况里。它变成是生命中孰重孰轻的问题。不诚实，至少暂时是安全的。诚实，则立即威胁到现有的安全。

我们一直摆荡在害怕而需要安全感的内在小孩以及追求自由与真理的追寻者两者之间。我们必须学习到对这两者的敏感，并学习整合它们。内在的羞愧感让我们觉得需要忍受不诚实，因为早已习惯自己是低自尊而没有自信的。我们的创伤，让我们不相信诚实地生活可以让自己存活下来。可是一旦下定决心，不再继续过这种羞愧的负面消极生活，情况将会改观。

3. 冒险成为有活力的

多年以前有一晚，我聆听灵性师父述说有关生命的真实和活力。他说**永远都不会有与我们一模一样的另一个人**。**我们所需要做**

的，就是发现自己的独特性，并且温柔而有爱心地把它活出来。我就想着我们有多少人，真的理解并将此真理实践在我们的生活中？我们每个片刻都可以抉择，是否要生机盎然地活在当下。然而，羞愧让我们自己以及我们的生活变得索然无趣。我们常常错失了这些该好好活着的宝贵时刻，不珍惜上天所赐予的美丽与独特，也不敬重每次亲密联结所带来的意义。

我们的能量受到压抑。不仅在表达真实的自我上，性欲、果断、喜乐以及丰沛创造力的流动关闭了起来，而且也承袭了来自父母和成长文化中的恐惧与压抑。要克服这些压抑的力量，就要勇敢跳跃进入自己的能量里。虽然会有挣扎，但只要去做，就会越来越容易。对我而言，找到勇气与信心去成为成长团体的带领者，就曾经是一个挣扎的过程。我一直都知道这是我想要的，也有此天赋，但我就是无法信任自己。每一次新的成长课程或新的场合，我仍需面对羞愧的声音。但是渐渐的，创造的力量取代了羞愧的声音，支持着我前进。

我们必须经历火的试炼来克服羞愧的创伤，才能发挥自己的创造力。负面的信念，像是我们是个失败者、我们没有什么值得贡献的、别人都比自己强、我们永远都办不到。这些声音如此强烈，因此我们很容易就被打垮。每个人的内在，都有一股强烈的创造能量渴望表达，直到将此能量表达出来，我们内在才会得到满足。要与此创造力联结，需要先进行一些疗愈工作，而找到勇气去表达创造力，则需要更多的疗愈。

这同样适用于生命能量的其他面向：如果我们超越了制约所允许的尺度去探索性意识，内在的判官就开始以内疚与恐惧对我们施以天打雷劈般的审判。如果我们生气，父亲、母亲、老师或是神职人员这些恐怖的惩罚者，又会如幽灵般地浮现在我们脑海中。如果我们开始进入自己的力量，通常会从很深的无意识传来一个信息，告诉我们如果再前进一步，就会招致很严厉的后果。如果我们尽情享乐、放纵自己、为所欲为，就得面对整个社会集体文化的谴责。总之，要从我们舒适的虚假自我，进入到真实、充满活力与生命力的本质，总是令人非常害怕。然而，只要在这个方向上小小的冒险，旧有的制约就会开始动摇，失去力量。这并不表示羞愧就会从此消失。但是，我可以逐渐地跟它保持距离，之后它就再也不能影响我的人生。

冒险中的风险

当我们开始要疗愈自己时，曾经被压抑的能量，很自然地会开始流动开来。这股能量需要表达，也需要被活出来。如果我们冒险，意味着会有麻烦，因为这撼动了我们长久以来所习惯的生活。越是棘手和深度的内在疗愈工作，越需要生命有更激烈的改变。我们要不是随着疗愈而让生命有所变化，就是继续压抑。

一旦真的开始冒险，随着各种转变，将会为生命带来爆炸性的新活力，而新的收获会远比我们所舍弃的更为丰盛。恐惧并未因此而减少，顺着能量，冒险前进，需要我们极大的勇气。这意味着行所当行，言所当言，并且敬重我们身体内的生命力。这也表示要敬重并表达来自我们身体每个脉轮中心的能量：性、情绪、决断力、创造力、喜乐与灵性的能量。

第十四章　静心意识状态

一位个案最近告诉我，他把爱人气跑了，因为他自己太匮乏、太需索无度了。他甚至会忌妒爱人的女儿，因为她夺去了爱人更多的注意力，而那曾经是他专有的。他憎恨自己的匮乏，这让他感到无能与无助，他想到她怎么可能会去爱上并尊敬一个软弱的男人。

在我们的补偿行为底下，都隐藏着一个极度匮乏的内在小孩。至少，我的经验是如此。要如何与这个内在小孩共处、一起分享，又如何疗愈这个内在小孩呢？在无意识中，我们会将自己的惊慌、任性、绝望一股脑儿地丢向别人，然后说“来！照顾我”，这是小孩子都在做的事，而我们的内在小孩，一直以来就处在如此的绝望境地。当我们向某人敞开时，这些感觉就开始浮现出来。要疗愈受伤的小孩，我们必须学习做父母，经由培养内在的静心意识状态，来照顾自己的内在小孩。

这样的疗愈，并不是一种作为，它是一种观照和一种感觉，涉及我们的脆弱、所有的人生戏码、伤痛、关系障碍以及静心的质量。到目前为止，我已对只认同于内在恐慌的孩童意识状态做了很多描述，像是恐惧、任性、善用策略、充满期待、羞愧感、惊吓、害怕被遗弃的深沉恐惧等。幸好，这并不是我们内在唯一的意识形态，我们内在也有一个佛，一位静心者。我们可以经由培养静心，来培养这位潜藏的佛。

静心让我们活在当下，而能去欣赏在所有制约的虚假人格背后的那个真正的自己。当处在当下的静心时，我们内在深处的惊慌小孩就会放松下来。只要我们仍然认同且生活在虚假的人格下，成为照顾者、讨好者、花花公子、领导者等，这个充满恐惧害怕的小孩就没有人来照顾，因为没有人真正在那儿纾解内在惊慌小孩的恐惧。然而经由静心，让我们可以渐渐待在当下此刻，有能力从生命戏码中退出，而将慈悲带进来。静心给予我们空间，以宽容取代长期以来对自己所施以的压力与指责。

多年以前，我第一次到印度去时，已开始练习内观静心冥想。我以为静心就是坐在坐垫上，闭上双眼，观照自己的呼吸。安静地坐着进入内在，或许是培养内在宁静的最好方式。但是，我的师父让我对静心的真正含义有了更宽广的了解。多年之后我才开始明白，静心是存在本质的一种状态，一种生活方式，并不是只局限于坐在蒲团上几个小时。这可能是我生命中最重要的学习之一，那就是，我不需要为了要改变或是为了得到爱而做什么。是否只要观照、感觉与允许就已足够了？这是我在静心中正在学习的。

静心的特质能帮助疗愈

静心为意识带进来的特质，可以直接疗愈我们的创伤。这些品质是：1）观照；2）了解；3）待在当下；4）接受；5）归于中心；6）耐心与信任。让我们逐一来了解：

一、观照

通常，当我们不舒服、痛苦或焦虑时，当下的反应是想改变现况。在“孩童意识状态”下，我们不善于忍受这些感觉，而且拼命想逃开这些让人痛苦的情境。要将逃离的感觉转变成观照、感受和允许事情发生，需要相当一段时间的内在转变。当痛苦或焦虑来袭，我可以感受到我的内在小孩在强烈拉扯，渐渐地，我同时也能感受到内在的另一个声音说着："等一等，停下来，感觉它，让它就是如此。你可以从待在这样的经验中学习，你内在已有空间可以容纳它、感觉它，并且与它在一起。"这对我们被时效、解决问题、要有所作为制约的西方头脑而言，是种根本的改变。

我们很容易就会被自己的情绪所左右。有静心特质的意识是保持距离的，让我们有能力接纳内在的惊慌、不舒服和悲伤。因为保持距离，所以不切断感觉，反而给予更多的空间去感觉。由于内在有更多空间，所以想要从不舒服的感觉中逃走的欲望，就不再那么强烈。当我能够信任时，就有足够的内在空间去容纳，可以选择不逃避，能与当下痛苦的感觉待在一起。我内在的静心者，渐渐地给予我这样的信任。

例如，曾有一段时间，我与爱人分手后，为了不感受痛苦，我就将自己封闭起来。我就是无法感受到分手的伤痛，因为我从不允许自己去感觉。事实上，通常我会因为可以拥有自己的空间，不需要承受与人联结或对人敞开的压力，而感到松一口气。最近，这些情况已有所改变。现在，我可以感受到离别带来的痛苦、焦虑，甚至被遗弃的梦魇，而这些或许一直都被埋在很深的内在。自从开始疗愈工作，我知道不论我做什么，都无法避免空虚与被遗弃的感觉，所以现在这些感觉来到时，我反而更想去体验它。我可以认出焦虑，并且清楚地知道它从何而来。我不再像以前那样对它作太多的批判，同时我也知道，自己的内在已有足够的空间，允许它在那儿。

当我们观照时，是从情绪的戏码中抽离出来观照自己，而且同时感受着感觉。我们不会因此而死掉。更令人惊讶的是，我们会发觉自己是被存在神秘地呵护着的。我想和你们分享，我听到我师父演讲时，有关观照的简短描述。

必须从观照身体开始，行、坐、卧、食，从最基本的开始，因为这样比较容易，之后就应该转入较细微的体验。从观照思维开始，当可以熟练地观照思维时，就应该开始观照感觉。当可以观照感觉时，就应该开始观照心情，这是比感觉更细微也更模糊不清的。

观照的神奇在于当你观照身体时，这个观照者变得比较强壮；当你观照思维时，这个观照者也变得比较坚强。当你观照心情时，这个观照者是如此坚定，他仍是他自己，观照着自己，犹如蜡烛在黑夜中，不仅照亮周遭的事物，也同时照亮自己。找到这个观照者是灵性上最大的成就；因为在你体内的观照者就是你唯一的灵魂；在你体内的观照者就是你的永恒。

——《金色未来》

二、了解

“了解”这个词，是有能量的。光是说这个词就已联结上能量。了解就如同是对我们的经验覆盖上慈悲的毯子。当有了了解，也就有了接受，有了接受，宁静也随之而来。了解是从静心中自然涌现的另一项特质。它因着静心而发生，重点不是去做什么，而只是接受事情的本来面貌，只是保持足够的距离来好好看一看。

渐渐地，静心让我在看待事情时变得柔软，由于这样的柔软，我才有能力来了解我的内在小孩。只要我是以事情做得有多好或是完成多少来评价自己，我就没有空间来了解我的内在小孩。静心带出我们内在的女性特质，让慈悲与了解得以流动开来。我严厉批判的头脑，来自我对自己设下的严格标准，基本上是以成败为标准。静心让我放慢下来，渐渐地我内在温和的空间就更多了。

是这个空间的我，可以了解我的羞愧和惊吓。它克服了严厉批判。慢慢地，带着这样的意识，我们不再自我施压，也不再觉得自己不够好或因失败感到内疚。静心，使得成功或失败变得不具多少意义。我们开始看待生命是一个成长过程，我们所有的挣扎都是这个过程的一部分。在我尚未了解之前，我以往的所有行为都是自尊心在作祟。这对我造成很大的压力，因为我一直试着要成为一个符合社会规范的我，而不是真正的我。某方面来说，我的生命一直在为了证明自己而努力较劲。我内在与外在的法官交互批判着自己，犹如一场永不停歇的战争。

三、接受

当我们往内在探索，才开始看到那些平时不容易接受的自己。也难怪，在我们无意识的深处，是我们所不愿意看到的自己。“我们内在的种种”，像是冲动和执着、伤害别人以及让自己受伤的行为、一直重复的行为模式，承认这些是痛苦的。我们不知不觉就会退回到孩童状态，退回到我们的计谋、无助、任性、防御以及羞愧与惊吓之中。这些状况涌现时，批判的头脑总是在那儿责备我们。当我们认出自己内在有些东西是我们不喜欢的，自然就有股冲动想去改变。

以静心为取向的疗愈，改变反倒是其次的。重要的是，我们观照、并接受一切如是，像一位探索灵魂和内在世界的科学家。观照与接受，是研究时所用的工具。如果我们将焦点放在改变，我们就无法生活在当下，也无法发现自我。我们将会继续追逐成败与得失，让自己蒙羞、损及自尊、麻木、无意识，并且不负责任，如此一再地重复着。要看到所有这些，并不容易，我们宁可这些就此打住。以我的经验，真正的改变是缓慢而逐渐的。一旦我们找到自己观照和接受的能力，改变将会自行发生。

四、待在当下

待在当下是静心的本质，学习与这个片刻待在一起，观照并感受着一切如是。由于我们的恐惧、惊慌、缺乏信任感，会让我们极难待在当下。当我开始静心时，我非常努力专注于观照呼吸、念头，还有身体的感受，一切都依照老师的指示去做。（我一直以来都是勤奋好学的学生。）我会掂掂看自己做得有多好。只要我表现得焦躁不安和不专心时，我就会责备自己。我一直不知道自己的焦躁，其实是因为某些原因引起我内在小孩感到恐惧的一个征兆。

发现了解内在小孩的恐慌，为我的静心之路带来非常不同的经验。现在，我了解自己的心浮气躁、焦虑及无法平静的头脑从何而来，这些不只是在我静心打坐时发生，而是时时刻刻都在发生。这时就是考验我，是否有能力与当时的状况相处，也就是与我惊慌受伤的内在小孩相处。内在小孩的工作使我对待在当下与静心，有了崭新的理解，要做到这样并不容易，但是过程是更有活力也更丰富的。

我的经验是：对我们的内在小孩许下一个温柔的承诺，愿意待在当下，就是很深的疗愈。恐惧使我们与自己失去联结。学习待在当下，可以疗愈这个创伤。当内在感觉舒服且满足时，待在当下是容易的；但是当悲伤与恐惧涌现时，待在当下就显得困难重重。通常，当某些事情影响到我们的情绪时，我们会从腹部感觉得到。但是对大多数的人而言，这样的机制已经失效，并且是在孩童时期就已被破坏殆尽。也由于失去了这个机制，我们无法时时刻刻与自己的感觉待在一起。

要确认与敬重自己，就得从承认、容许和接受每一个片刻发生在我们身上和腹部的一切开始。这才是我们回家的开始。首先，在做任何表达之前，先联结到自己的内在。对一个像我这样从小就陷于惊吓和羞愧的人而言，去感觉自己是愤怒或是悲伤的，简直就是难以理解的事。要我去表达或是去分享感觉，会让我陷入更深的惊吓。但当我集中精神、学习待在当下时， 我开始卸下必须表达些什么的压力，一直到我能和自己的内在联结为止。

待在当下，是不带批判的觉知。当我承认所发生的事实而不批判自己没有感觉，或没有感觉到更多时，这时才有空间，让更多的感觉浮现出来。

孩童时我没有这样的空间，成年之后我也没有给自己这样的空间，所以我必须重新来过。现在对我而言，已不是“感觉这个，然后做那个”，而是“让我们就只是看看发生了什么”。我可以感觉到羞愧的阴影，从这里开始去回溯到某个事件或是对话，或是甘霖人的拒绝或失望。我可以开始感受到被羞辱的受伤或愤怒，并有所响应。我也进一步觉察到，为了获得尊重、赞同或是爱，我会妥协而放弃自尊，这时我会“流失掉我的能量”。我注意到是什么引发能量的流失，只要培养这样的觉知，这个漏洞就堵住了。起始点，就是认出待在当下的重要性。

五、归于中心

或许对我们而言，疗愈内在小孩最大的挑战是学习给自己空间，去感觉而不要做出反应。我们称此为“留住感觉”。如果能够只是与自己所感觉到的待在一起，不做反应，容许感觉更深入并且继续观照，令人惊讶的事就会发生。我们内在某些东西会开始放松下来。当不舒服的感觉涌现时，我们身体的每一个细胞都想把感觉关闭，头脑开始编造所有恐怖的想法，并且想尽办法逃开。通过不去理会这些恐怖的想法以及想要逃离或是抗拒的冲动，我们强化了自己静心的意识状态。这就是蜕变的过程。

但是，要有特定的能力才能待在中心。因为羞愧将我们带离了自己的中心。然而，借由回到对身体的感受并且逐步地来到腹部，渐渐地就带着我们回到自己的中心。与自己的中心联结，是自尊与根植内在的源头。这让我们能够处于惊慌中而不受影响。或许因为我的惊吓是如此的深，在我自己的经验中，这份联结来得很慢。有时我觉得自己快被惊恐所淹没，这时候需要的是竭尽所有的觉知去观照。但是我也意识到，在我慢下来，安静地坐着，并且转向内在的这段时间，我就已在疗愈这份惊恐。我只需要耐心对待自己就可以了。

六、耐心与信任

在静心的世界里，时间的观念与在洛杉矶高速公路上不同。如果你跟一位开车在405号公路上，一边讲手机、一边又遇上大塞车的人，讲述古代禅师的经典名言："静坐无为，春天草木自然生长。"那可不是个好主意。耐心从来就不是我的专长。小时候，我母亲总是对我的老师们说："我要告诉你一件事，那就是他永远无法安静坐着。他总要做点什么事才行。"

然而，疗愈我们的内在小孩是急不得的。它是一个缓慢而细微的过程。这和静心是一样的。如果带着目标静心，我们很快就会感到厌倦和挫折。在疗愈内在小孩和深入静心这两件事上，我们都只要享受过程就好了。我们可能会经历很长的一段时间，在待人处世的行为与态度上没有任何明显的改变。这会让我们既受挫又失去勇气。然后在突然之间，发生了戏剧性的转变，工作开始变得顺心，得到回馈，或是开始过着更有深度与滋养的爱的生活。

在我自己的疗愈工作的早期，改变是比较戏剧性的。我经由强烈的课程来开启被压抑的能量，让更多的能量开始流动。但是，一旦开始共依存及内在小孩的工作，处理到有关我的羞愧与惊吓、对被遗弃和亲密的恐惧、探索更深的恐惧与空虚时，改变就不再那么快和戏剧化了。然而，我却感到更有深度。早期的工作能满足我尽快见到效果的渴望，但是在内在小孩的工作中，我必须学习有耐心。

我可以看到我的急促、有计划及具野心的头脑，来自我惊恐的内在小孩。耐心来自很深的信任，信任每件事的发生，都有它的意义和必要性，而且会以它自己的步调发生。耐心与信任如此密不可分。与我的师父静心地坐着时，感受着他所散发的恒定、缓慢和归于中心的特质，他在慢慢地教导我耐心与信任。不匆促、不预设立场，就只是此时此刻。带着这样的特质，进入关系的疗愈，对我们的共依存关系，会带来深刻的冲击。

某个层面上，我们的内在小孩将总是处于饥渴与惊恐的状况中。不同的是，我们的静心状况更坚定，信任更具深度。这与信任某个特定人物无关，而是内在所发展出来的一种全面性的信任。当下此刻我有这个空间，它随着静心而滋长，没有谁可以将它给我，我必须往内在去寻找，这就是寻宝。这个宁静就在我们本质的核心处，却被我们情绪的创伤、恐惧和疑惑所遮蔽。

从惊慌到静心的成长

静心对于疗愈和找回自我，是最有效的资源之一。静心让我们拥有与内在恐惧和伤痛待在一起的内在空间。生命有时会让我们招架不住，但是面对逆境挫折、拒绝与失落时，我们不再无奈地认定这是宿命或是别人的恶意，我们可以接受它，不再视自己是个受害者。伤痛令人愁苦，但是如果将它当作引领我们更深入内在的一个恩典，就能够开始对它有所理解。

如果开始花些时间进入内在，并且感觉那儿有什么，我们就培养了倾听的能力。我们会对自己与别人的需要和感觉更加敏锐。在培养出静心意识以前，我们真实的状况是：一个惊慌的小孩，隐藏在一个不断地无意识逃避、补偿掩饰的“成年人”里。静心将这个“成年人”蜕变成一个真正的成人。我们的静心使我们有能力去拥抱自己的内在小孩，让他或她感觉被看到、被照顾到以及是安全的。

静心不需要是严肃、刻板或艰苦的。它就是我们本性的自然流露。我们越是培养这样的内在空间，它就越敞开，逐渐地成为我们所不可或缺且向往的东西。慢慢地静心就成为我们生活的一部分，并不仅仅只是每天需要多少时间的练习而已，而是生命的整个方向。对于自己的身体、念头、感觉和行为的觉知，开始成为我们生命的焦点。

静心：培养观照者

建议你找一个朋友慢慢念给你听，或录音以后来听。

先让你的身体找一个舒服的姿势开始。闭上眼睛做一个深呼吸，深深地吸气和吐气。让自己放松下来，进入内在，开始放松和慢下来。如果有睡意，只要温和地告诉自己，当放松和进入内在的同时，保持清醒和觉知。

现在，将注意力放在呼吸上，并且开始观照呼吸。留意你不控制时，它如何全然地进出你的身体，以它自己的方式进出。观照着呼吸，感觉你已与它的律动合一，以它自己的方式进出。每个片刻新的呼吸，吸进和吐出，升起和下沉。

看着呼吸如何完全地用自己的方式进出，你可以开始放手，放下控制的需要，放下你必须随时主导、操控或是保护的念头。就此放手。呼吸完全地用它自己的方式进出你的身体。在你出生的那一刻，它进入身体，当你死亡时，它也会离开。以它自己的方式到来又离开，受到巨大无形的力量所引导，远大过你的意志力。

呼吸把我们带入一个可以观照的空间，就如同一个观照者。所以继续沉入这个内在深处空间，这是一个你可以观照的地方，就只是观照着。从这个内在深处的空间，抛开你的批判与论断。单纯地成为观照者。感觉着来自放下的宁静，从开始放下到成为观照者的宁静。仔细观照。当你稍稍有些距离地观照时，你也能看到头脑中不断冒出来的念头，看着头脑纷乱的思绪与焦虑。就只是成为头脑的观照者。看着你的念头，不需做任何事，只是看着。

当呼吸帮助你放松而成为观照者时，你可以开始从生命戏码中脱离出来，也就是从看到它、感觉着它，到现在，仅仅是观照着它。了解到你的人生正以它自己的方式展现着，无须介入，只是观照。

一旦你可以退到观照者的位置，你可以感受到保持距离的平静，在你本质深处的放松。不论什么思绪来到你的头脑，只需要观照着。如果你留意到你正在批判，甚至可以容许自己观照这个批判。你只是单纯地看着批判的头脑。你可以从混乱忙碌的生活中退出，离开这样的生活轨道。

由于回到你内在的观照者位置，你可以找到无限的力量来面对困境。找到一个你可以只是呼吸和观照、不需做任何事情的地方。观照和回到中心。回到中心并且停下来，容许自己可以非常平静地待在状况里。念头来了，感觉来了，而你只是看着。这个位置，我们内在观照者的位置，就在我们每一个人的内在，只等着我们去发掘。

花些时间让自己放松且慢下来。从忙乱的生活以及强迫性的念头中抽离。不要太严肃，对任何事情都不要太严肃。花些时间放松后退一些，停止我们没完没了的活动，只是单纯地观照与允许。就在当下，此时此刻。沉浸在每一个呼吸，每一个片刻。非常简单。

现在，允许你的注意力回到呼吸上。看着呼吸的来去，看着每一次呼吸，腹部的起伏。吸气时升起，吐气时落下。慢慢地回到身体。感觉着身体。非常缓慢地回来。做一个深呼吸，完全清醒地回来。

静心：回到腹部

闭上眼睛。让自己处于舒服的状态，如此你的双手和双脚可以放松而舒服。现在，慢慢地进入内在，并且在你的呼吸中放松下来，关注着吸气和吐气。当你呼吸放松下来时，感觉着你的腹部缓慢地起伏。吸气时升起，吐气时落下。缓慢且温和地，吸气，吐气，升起和落下。非常放松，非常自在。

非常、非常地温和且缓慢，让你的注意力来到你的腹部，感觉着腹部，感觉它的起伏，感觉着呼吸时的进出，感觉着你的腹部。

当你的注意力在腹部时，感觉着腹部，看你能否只是接受在你腹部的这个空间。想象着腹部有如一个空间非常大、非常放松的球。给自己空间，完全接受所有情绪、所有念头、所有感觉的空间。不批判，只是接受。

让在你腹部的这个大球具象化，成为一个可以容纳你所有感觉的地方。这个球大到可以容纳每一个浮现出来的感觉。是一个可以让感觉待在那儿，并且看着它们的地方。不论感觉有多强烈，你都可以让它们就是待在腹部里。允许，而没有批判。

现在想象在你腹部中央有一支烛火，非常稳定有力地燃烧着。想象围绕在烛光周围的，可以是火山般的情绪、念头、各种混乱的状况，但是这些都无法扰乱这个烛火。不论外在发生什么，它照样继续稳定而明亮地燃烧着。什么都无法干扰到它。让自己感受这火焰的强烈与稳定。我们的中心就像这个烛火，我们的观照者就像这个烛火。它观照着，感觉着，允许着，但仍然是平静与放松的。不批判，不需去回应，不需惊恐。就只是观照、感觉、允许。归于中心、放松、平静、安详。每个人的内在都有这样的一个处所，就等着被发掘、被找到。

现在，做一个深呼吸，让自己慢慢地回来。慢慢地回来，然后张开你的眼睛。

第五部

超越恐惧的联结——迈向有意识的爱

第十五章　保护层的迷宫

我们在关系上会有冲突和困扰，是由于恐惧及缺乏安全感。一旦开始去了解、接受并感受自己的恐惧时，我们同时也为关系铺开了一条崭新的道路，让我们能够带着意识而非以无意识反应去面对关系。在面对恐惧的最后一段旅程中，我们会来探索关系互动中的恐惧，同时找到超越恐惧的联结方式。我们的伤口来自别人的伤害，所以很不幸，我们不能通过拥抱一棵树，来治好内在的恐惧和不信任感。我们可不是受到树的伤害，在哪里跌倒就得在哪里站起来，我们必须要重新建立的是与人互动时曾经受过伤的信任关系。

当关系受到恐惧的支配时，我们会以投射来掩饰恐惧。了解投射是走出恐惧和共依存关系的必要旅程。

当我们和别人处于投射关系时，双方都没有和真正的自己在一起，没有回归到内在中心。我们已将自己的力量交给那个人。为了重新拾回力量与回归自我中心，我们必须解开这些投射。就好像我们投射的那个人手中握有我们身上的一部分一样，我们必须借由处理投射来重新拿回失落的部分。要处理这样的投射，就得先辨认出每个投射背后隐藏的恐惧。

投射对父母之爱的需求

我们受伤的内在小孩是一部投射机器。**大部分投射是由于想得到我们从未享受到的父母之爱**。投射可以用各种方式表现出来，比如需索无度、偶像化、取悦、叛逆，这些通通都是我们受伤小孩渴求父母的反弹行为。我们常会无意识地在和爱人、朋友、权威人物的关系上表现出来，其实是在掩饰我们想要弥补的缺憾。我们以为自己已经是成人了，根本不会有尚未解决的、不成熟的问题。但正因为这些是我们的重要关系，迫使我们非面对不可，这就能帮助我们去碰触自己无意识的投射。

更深一层来看，我们的内在小孩如此地渴望能被看见、被爱和被支持，而不要被控制、被忽略和被操纵。这样的渴望本身并无问题，问题在于我们如何处理它。亲密关系中既美好又矛盾的地方是，只有认出自己的投射，才能真正得到所需的父母之爱。我们已知道自己之所以会有这样的期望，是因内在小孩尚有未解决的需求。为了满足这些期望，我们无意识地退回到一个需索无度、纠缠不休或过度反应的小孩状态。在这个充满期待的退缩空间中，我们把自己的渴求和想望，投射到任何一个符合这个条件的人身上。充满渴求的内在小孩将我们未曾拥有的父母，投射到朋友或爱人身上。然而，对方不会喜欢这样的情况，并且会把我们推开。

当这种无意识的机制启动时，任何关系中的双方都很容易受伤，并退回到自己的恐惧和防御当中。信任不再，爱情难存。我们都会这么做。如何能让自己得到如此渴望的父母之爱？如何能让双方都获得热切需要的自由和尊重呢？我们很想付出爱，也很想给对方所需要的空间。

但在这一切都还没有发生之前，我们必先清楚对方如何触动我们过去尚未愈合的伤口，唤起我们的防御、恐惧、累累伤痕和失望之情。在我们越来越觉知到自己的投射时，就会真实地以父母之爱来爱护自己的内在小孩，因为开始懂得为自己的需求负责，而不是无意识地希望别人来照顾这些需求。现在来看一些投射父母之爱的主要方式。

重复旧有模式

开始的第一步，只要去指认出我们在关系中重复的模式就行了。很久以前，弗洛伊德发现我们有种强迫的驱动力，会在后来的重要关系中，重演幼年的关系模式，尤其是和父母的关系。他称之为“强迫性重复”，我们会重演那些重要的童年关系，因为必须完成当时未完成的事件，直到我们真的学会未完成的功课为止。

这在爱情关系中最明显，我们会在爱情中用某种方式去完成自己与父母关系中受伤的部分，尤其是和我们性别相反的父母亲。我们会吸引一个情人，他或她会唤起我们过去与异性父母亲关系中的伤痛。这个伤口来自没有被父母好好对待或照顾。这种现象也会在与权威人士的关系上发生，为什么呢？因为我们想从他们身上得到我们小时候从未得到的支持和引导。结果事与愿违，我们往往招来更多的操控和压抑。最后，我们不是反抗他们，就是崩塌下来。

通过我了解自己和女人相处的模式中，深入去了解和感受自己和母亲的关系。我一直让自己融入母亲的情绪之中，因而我在之后与女人的亲密关系中，不论是遇到要融合或要分离的状况，就会一直非常害怕，甚至可以说非常惊恐。我的母亲，总是默默体贴一切，却令人窒息。她的牺牲奉献，就像天下的母爱一样。她聪颖慧黠、坚韧不拔，相信自己的判断一定是对的，是一股对的强势。我和女人的关系则是不停地决裂，一次又一次。

还记得我二十二岁时的一个小事件。我正要去西奈山健行，这是我计划进行西奈沙漠之旅的一部分。我父母当时住在以色列，当时以色列刚取得了西奈沙漠。我母亲建议我穿网球鞋，我却穿了双凉鞋。在整个登山的路上，我一直在后悔没有穿上那双网球鞋。我的母亲再一次证明她是对的。但这个抉择对我而言再简单不过了，看我是想要一双伤痕累累的脚，还是想要一个感觉被阉割的自己。我选择伤痕累累的脚。

很自然地，我的女朋友都属于坚强、聪慧的类型，而且总是非常强势。有一阵子，我应对权力斗争的方式，只能是受着惊吓或做出背叛，或是二者掺杂在一起。任何可以责备的机会，我都不放过。我从没想过自己正在创造可以学习的经验，却只是不断在加深自己阉割的伤口。在参与和带领男人工作坊当中，我发现了所有男人，或多或少都要处理他们与自己母亲的关系，那也是与宇宙生命之源的关系。在我与其他男人进行个案或工作坊的机会中，让我较感欣慰的是，不是只有我有这样的问题。每个男人都会从母亲那里得到不同的阉割伤口，并在他和女人的亲密关系中，再创同样的阉割之痛。

我认识的大部分男人，都有因为向女人开放无意识的深层面向而受惊的经验，而且都竭尽所能避免再让它发生。我们可能会整个人垮下来、口出恶言、打退堂鼓，然而这些都是同样伤口的再现，因为我们有某个部分仍需要一个妈妈。而和一个女人在一起，自己表现得柔软脆弱时，就像是去邀请她来阉割自己一样，想到这点，就令人十分惊恐。我们通常总会不计代价去获得权力和掌控的假象，以避免恐惧的出现。而事实上，要能向女人深度敞开自己，我们就必须找到自己真实的力量和权力，包括一个人独立的力量，和潜入深深的水中游向女人的勇气。这是一个给天下男人的伟大禅宗公案。

女人也会重演与她们父亲之间的故事，她们通常会让自己变得很有魅力，爱上一个男人，这个男人在对待她时，或隐或现地有着和她们父亲类似的特质。这样下去，通常她们过去的痛苦和无助会一再重演。或者她们会变成一位尽责的照顾者，或者变成暴君，要去报复以前那个不负责任的父亲。

觉知自己的恐惧，停止模式重演

一旦我们认出这些模式，下一个问题就是，如何停止事件一再重演呢？这个问题是内在工作中最频繁出现的，这种破坏性的模式来自我们的创伤。停止旧事重演的方法之一，是深究父母中异性的那一方和我们的关系，越深入、越亲密、越有能量越好。如果没有觉知和了解，仍然会重演性虐待或暴力伤害的模式。但如果我们了解自己为何这样做，在能量上积极地和自己内在的羞愧，还有被遗弃的恐惧作联结，就可以转化这个旧模式，不再受苦。我们有功课要学，而关系正是我们学习的主要途径。

除非真的学会功课，否则我们只会重蹈覆辙，别无选择。我们必须在能量上积极地学习这些功课，去感受那份惊吓和羞愧感，不能只有智力上的学习。只要我们一直苛责自己，怎么还没找到人际和谐和减少冲突的诀窍，我们就只是一直在制造自己负面期待所需的情境。**我们更高的意识知道我们来此是为了成长，因此会为我们创造那些能启发我们的情境**。

分裂为好父母和坏父母

投射的故事就更复杂了。投射不但决定了我们会吸引谁，也会重复我们曾有过的关系。从我们受伤小孩的观点来看，我们会在对方身上看到两个面向，好父母和坏父母。我们受伤的小孩想要、也需要去感受到被爱和被支持。当他可以从对方身上得到爱和支持时，他看到了爱孩子的好父母。当他得不到时，他就看到拒绝孩子的坏父母。

对我而言，好妈妈是温馨的，带来丰盛和爱，能马上照顾我们的需求。她自己的精神信仰和修养对她的生活而言很重要，但她仍会全心全意对待我（虽非一直，但时常是如此）。她能和我分享她的感受，又能让我拥有自己独立自主的空间和时间，而且她真的奉献了一切给我。但当这些特质不复出现，她变成了一个坏妈妈。好妈妈在我身边时，我好快乐；但坏妈妈出现时，我会郁郁寡欢、生气、沮丧。

当然没有人能成为完全符合我们受伤小孩需求的好父母，但我们总是这样期待着。我们作为理性成人知道那是不可能的，但我们的内在小孩并不这样想。所以当受伤的内在小孩等不到好父母时，她或他会表现出乱发脾气、噘嘴不高兴、退缩不前、大哭大叫、假装不在乎、报复这类的反应。这些反应很容易被触动，仅仅因为一个误解、一个批评或者爱人的注意力分散到别的事，即使一点芝麻小事也让我们觉得没有被爱。于是好父母一下子变成拒人于千里之外的坏父母了。乌云蔽日，而我们还搞不清是怎么回事。我们的内在小孩对这种现象的错综复杂，既不懂也不想去懂，对于爱人或朋友的需求也听不进去。对方感到被拒绝了，自然也觉得无趣，但他或她自己也在做同样的事。难道我们的蜜月期就这样结束了吗？

从我精神科的训练来看，我认为这种“分裂”，如其所称，是因为有严重的人格失序和孩童期创伤。可以想见当我看到自己也一直在重蹈覆辙时有多震惊。不是只有一次，而是一直如此，而且不是只发生在爱人身上，就连要好的朋友也逃不过。这一刻我还觉得自己处在和谐的人际关系中，下一刻我就觉得被遗弃和被背叛了。正如约翰·布莱萧（John Bradshaw）在《爱的迷惑与自由》（*Creating Love*）一书中所描述的，一旦我们退缩到这个受伤的小孩空间时，我们所见所闻都不是真实发生的，我们会对别人所言听而不闻，对真实发生的事视而不见。我们会迷失在我们受伤的电影剧情中，而且无法经验到真实发生的事。

多年前，我和一位女子共事，她对我而言有多重角色，她既是我的治疗师、顾问，也如母亲一般。她对我的生命有重大影响，然而到了某个时候，我感觉到她不再像之前一样地和我联结时，我开始觉得不被重视、不受支持，同时觉得她自己的一些问题污染了她对我进行的内在工作。我有种被遗弃的感觉，在这受伤和生气的空间里，我把她推离我的生活，而且开始批判她。

现在回溯起来，我有全然不同的观点。在我受伤的内在小孩眼中，她已经从好妈妈变成坏妈妈了。而现在，我看出那个时候是我该离开、独自向前之时，但这样的分离令人痛彻心扉。我不要去感受这个痛苦，于是就将所有的错都推到她身上，我把坏妈妈的角色投射在她身上。像这样的投射、这样的分裂，是很普遍的现象。解决的艺术是去捕捉到状况的发生，然后退回一点，觉知自己受伤的内在小孩，并且感知是什么引起被遗弃的感觉。

叛逆

诡计变得更复杂了。我们受伤的小孩不只期望一个完美的父母，而且一旦找到一个很相像的对象，就会把他或她分裂成好父母和坏父母。长大后的我们还会想对这些想象中的父母叛逆，反抗他们的爱。这是一种试验，想看看她或他是否真的爱我们，想看看如果我们不乖、不听话、不服从时，他们会怎么做？坚定地设下规矩，但仍传达出爱的信息，是成为好父母的一个重要条件，但许多人从未感受过这样的经验，所以我们很渴望它。我们会想知道：某人对我们的爱，是否大到能够包容我们，因为当我们还是小孩时，叛逆的代价实在太大，我们不敢轻易尝试。

长大后的关系中，有时我们会扮演乖巧听话的孩子，顺应妥协，以确保爱人（父母）对我们的爱。之后我们对于这样的角色又感到厌倦，转而变成叛逆而反动的小孩。一旦我们确认已保有这份爱了，就觉得去试验它应该是安全的，于是我们玩起先前不敢玩的叛逆游戏。这种情形会发生在情人间、朋友间，特别是和权威人物的关系之中。我们创造出权威角色的理由之一，是让自己可以去违抗他们，违抗他们设下的规定、定下的约束和给的忠告。我们找出他们的指示和设下的规矩，然后再去违抗它。我们想从权威人物身上寻求支持和赞同，然后再去找出他们教导中的错误，好指出他们的不完美。

就算我们投射的那个人和我们原来的父母，可能像也可能根本不像，但是在我们内在小孩的心中，却确信他们就是。以前只要我有投射权威人物的情形，就会感受到内在的冲突。一部分的我要我臣服，开放自己接受教导和指引，而另一部分的我则总是要自己不要受制于人。这是个深深的伤口。每当我觉得自己的能量受到不公平的约束时，就变得性情古怪起来。我必须不断学习信任自己而把力量找回来，我越信任自己时，就越不必将自己的力量交出去。现在，我发现自己可以保持敞开、接受指导，却再也不用把自己交出去。

羁绊模式

在长期的关系中，我们往往太进入角色而僵化了。这在哈尔·斯通（Hal Stone）的《拥抱彼此》（*Embracing EachOther*）一书中叫作“羁绊模式”。羁绊有各种形式，然而最常见的是亲子之间的羁绊。在亲子关系中我们往往迷失在投射当中。当我们处于小孩角色时，如前所言，我们视爱人如父母，而且爱人通常在某个重要面向很像我们的父母。当我们处于父母角色时，我们会用自己父母的一些特质去对待爱人，就如我们的父母以前对待还是小孩的我们。这也是我们感应自己内在小孩的方式。

如此大部分的关系都会陷入羁绊，这是自然的结果。因为蜜月期一过，我们尚未解决的恐惧和没安全感，都让我们迫不及待、神经质地想去依靠对方。羁绊之美在于它可以让我们觉察自己悬而未决的心事，任何未完成或没解决的事，都会在这些羁绊形态关系中，浮上台面。然而，还没被认出来、没被解决的羁绊模式，在任何关系中，都是爱和能量的杀手；相悖的是，没了羁绊，我们也没有办法精力充沛地去做我们必须做的事情，有羁绊，才能将我们的伤口和需求带到表面。有些时候，羁绊所提供的安全感，正是我们受伤小孩所需要的。我怀疑每个人或许都处于某种羁绊状况，而由于我们受伤内在小孩的需求是如此的隐晦又庞大，所以我们大部分的长期关系都会陷入羁绊状态。

但羁绊状态有其存在的问题，我们必须要把觉知带进来才行。安全感会扼杀能量，性能量通常首当其冲。父母和小孩的关系模式对于好爱人而言，是行不通的。扮演父母的那一方会开始憎恨起来，因为他们总要一直付出，而扮演小孩的一方也会起憎恨心，因为他们觉得不能独立，一直受到保护。早晚，情侣中的一方会决定要破釜沉舟，打破这样的羁绊，因为再深入去感受时，羁绊的处境是既不真实又死气沉沉的。扮演父母的一方躲在角色背后，让自己觉得一切在掌控之中，然后对自己的形象感到很满意。他并不想对自己或别人显露出他也是有需求的、也是受伤的。他实在是太害怕了，不敢承认自己也需要父母之爱，就用扮演父母的角色来掩盖自己脆弱的一面。扮演小孩的一方躲在小孩角色背后，不想长大，不想为自己的生命负责。一旦我们认出这样的处境，我们就会设法打破这样的模式，再去找别的爱人，或是离开，或是制造两人间的冲突。

我们的爱情关系（或亲密关系）不再是亲子关系，而是朋友和朋友的关系。带着觉知，我们可以轮流当对方的父母，也将自己内在的小孩暴露出来和对方分享。当我们将意识带入这些角色时，我们属于父母的一面开始可以自然地滋养对方或设下界限，而方式是温柔而回归中心的。属于小孩的一面仍然会愿意表达出自己的脆弱、反叛和好玩，不过同样是以一种归于中心和温柔的方式，让双方更为亲密。

报复

现在我们来到投射游戏中的暗黑骑士（和黑夜）——我们内在伺机而动、等待报复时机的地方。曾经有人说，关系中百分之九十和报复有关，我想这说法虽显夸张，但仍需小心这个倾向。我们小时候内在所抓住的憎恨和未表达的愤怒能量不可度量，我们通常不会觉察，直到它浮出我们关系的表面。因为在小时候受到羞辱、虐待和背叛而累积的怒气受到压抑，我们等于是内在无意识地带着一颗导弹到处乱走，看它哪天会发射！

我们的爱人，或是任何扣动这个伤口扳机的人，刚好变成这所有被压抑能量的标靶。我最近有个个案是位男士，他谈到自己无法亲近女人，只要有点风吹草动他就会发火，一点小小的批评也会让他反应激烈。再深入探索，我发现他的母亲作风蛮横，而且在天主教压抑的背景下，母亲对于他的性意识引以为耻。

我们在孩童时被剥夺了太多权力、受到太多惊吓、太容易就妥协，以至于无法表达或去感受这些情感。在我们现有的关系中，投射总要花些时间才能浮上台面，不过早晚都会发生。然后，我们把自己内在内化的父母和对方混合在一起。我们把对方和过去让我们受伤的对象混淆在一起，最后总会逮到报仇的机会，所有内在的愤怒一鼓作气地爆发，给予致命一击，在口头上或身体上伤害对方，嘲弄、冷嘲热讽、监视、断绝关系、拿别人比较、和别人做爱、让爱人得不到性满足，等等。

只有当我们觉察到这股存在的报复能量，才能进行疗愈工作。我发现探索自己直接和间接的生气模式，是我接近自己压抑怒气的方法之一。我的模式是，当我觉得受伤时，会退回惊吓中，然后报复和惩罚，大部分是用轻蔑的批判去切断和收回自己的能量。哎！这样的作为我通常没有什么自觉，但是这么做时，我可以感受到越来越多报复的能量。这样的能量非常深沉，一触动就没完没了，但是当我可以去表达这股能量时，情况就改变了。

我们每个人都有自己独特的方式，去表达报复和发泄所有过去伤痛中压抑的憎恨。我有个个案是一对情侣，其中女生抱怨说，她的男友嘲笑她时，她就觉得很郁闷。这个男生却浑然不知自己正在伤害女友，他还以为自己的嘲笑只是好玩而已。当女生说出自己的困扰时，男生是非常震惊的。在我的另一个个案中，有个男生只要有女生开始想掌控、主宰或过度保护他时，他就会变得非常敏感警觉。他发现自己和母亲的羁绊很深，深到之间的界限已融解而模糊不清了。他的母亲很权威，掌控力很强，并不鼓励他独立，反而很微妙地羁绊着他。他觉得没有空间去发展自信，或自己去尝试错误。现在他发现对自己有吸引力的爱人，都是属于权力型的，潜在地会掌控人，每当他觉得受到操控时，他就会垮下来，进入惊吓当中。他在自己的内在感受上工作，于是惊吓的时刻渐渐减少。当他从惊吓中平复过来时，开始与内在愤怒有更多联结时，即使面对一点点被控制和操弄的可能，都会强烈而非理性地反弹。有时候，他可以分辨情人和母亲的不同，但更多时候他分不清楚，尤其是当伤害被触动的时刻。

将自己失落的部分投射到别人身上

还有另一种类型的投射故事，让我们了解到投射的复杂。我们会在别人，尤其是爱人身上，投射我们自己内在没有活出来的那个部分。在哈尔·斯通的书中，这种情形称为“无法拥有的自我”（失去的自我）（disowned selves）。这种投射是有潜能的，它可以是成长的能量，也可以成为困扰的来源，取决于我们的觉察和了解程度。我们有意识的自我，只是全部意识中的一小部分而已。我们发现隐藏自我最有意义的方式之一，是借着吸引可以活出那些面向的爱人或朋友，来发掘自己没有活出来的自我。

我高中时曾经坠入“情网”（正确地说应是坠入迷惘），对象是坐在我后面的一个女孩。她拥有我所没有的一切，狂放不拘、敢做疯狂的事、深不可测。我把精力都放在课业、运动和如何进入常春藤名校上，她却一点都不在乎这些。她喜欢演戏和艺术，一点都不受传统和规矩束缚，相反地，她反抗所有这些制约；她的反抗、生气蓬勃和美丽的外表，都掳获我的心，让我着迷。我追了她两年都没什么进展，心一直悬在那里，每一首摇滚情歌，听来都像是为我而唱。几年后，我又和另一位疯狂艺术家陷入苦恋。这些属于我自己生命中未活过部分的投射，就这样一直进行着，我的制约为我带来了高度的责任心、秩序感和自律行为，然而代价却是牺牲了我狂放野性的那一面。

我们对别人身上反映出来的我们自我的某个面向，既受吸引，又想要反抗。这也造成了我们喜好的差异。我们受到吸引，是因为想重新发掘自我当中未活过的那些面向；我们想去反抗，是因为我们的制约教我们要拒绝那个面向。每当我和某个比我更具狂野直觉、自由放任特质的人在一起时，我就会看到自身这样的分裂。一半的我完全向往这样的能量，另一半的我则批判它的不负责任，这是一场狂野和责任的对决。

我有个朋友，他和一个很情绪化、时而歇斯底里的女子在一起。这位女子比他更懂得去感受自己的情绪，但她也同时利用自己的情绪去操控他。这就像他的母亲一样。他响应的方式是，避免自己有情绪，而且每次遇到女生情绪出现时就不理她，自然这样也触怒了她。他并没有看出她所呈现的是他自然情绪的投射，他只看到自己被操控，小时候是母亲，现在是女朋友。但是这种鸵鸟心态并不能疗愈伤口。当我们进行个案时，他开始重新发掘自己的情绪本质，回到源头，认出投射来。当他找到感觉和表达情绪的方式时，和女性在一起就比较不容易受到被操控的影响。

我注意到除非我能和自己脆弱的内在小孩联结，否则我就会批判别人的脆弱，视它为莫大的弱点。在我的第一次长期亲密关系中，我并未看出我爱人的情绪、沮丧和恐惧，这正映照出我自己长期不去碰触的内在小孩。我嫌她“情绪不稳定”“心情太沉重”，而且把焦点一直放在她的情绪上。事实上，她是我心灵上第一位真正的老师，然而当时的我毫无察觉。过了这么多年，我一直在探索自己的内在女性面，才惊讶地发现她是这么害羞和没有安全感，而我原来也是这么敏感，只是我隐藏了自己的情感。我用成就导向、硬拼作风的男性面强烈地批判和隐藏自己的女性面，以至于它一点出现的机会都没有。

从那时起我意识到：女性特质在我的家庭中是多么受到贬抑，包括所有女性面的价值，如接纳、直觉、非理性，尤其是情绪的感受和表达。也是从那时起，我开始和自己的女性特质面更多接触。当我安宁地静心时、或聆听我灵性师父讲道时，是我和我的女性面相逢之时。我在我的爱人身上，认出了我的女性面，也认出了我最深刻的一份内在工作：想要重新发现自己的男性面，就必须从学习重新欣赏自己的女性面着手。

每段经历过的重要关系，都反映出我尚未碰触到的自己。但我对于投射这个部分还了解得不够，不能看出自己正在做些什么。因为我们的内在小孩埋在无意识中这么深，所以要看出与我们有亲密关系的人，他们的内在小孩与我们的内在小孩有多相似，是很难的事。对方是我们的一面镜子，给我们机会来认出我们自己内在小孩的需求、渴望、恐惧、力量、狂野和敏感，这些都深埋在我们的保护层之下。我们在对方身上所拒绝或所崇拜的，都是在我们自己身上所拒绝和所压抑的。了解到这个投射，是我们重新找到自己失落面向的一个方式，没有这层了解，投射就会变成责难和冲突的梦魇。

在投射当中，我们时常演出一场持久战，就是内在的恐惧与自由之战。我们批判别人拥有我们自己想得到、又害怕得到的自由。我很不好意思却必须承认，我有好多对别人的批判，都是来自这种投射。当我在批判中迷失时，必须回到自己身上，提醒自己正在投射，并瞧瞧自己当下在压抑着什么。我不再执着自己熟悉而感到安全的角色，也不因自己心胸狭隘无法联结而去攻击别人，我开始可以运用对方来扩展自己的感受。

学习区分源头和触发点

我们的投射掩藏着许多心中紧抓不放的恐惧，害怕得不到所需要的一切。我们投射的对象，通常就是扣动恐惧或期待扳机的人，这种恐惧包括害怕受人背叛、控制、误解、伤害或遗弃。只要想想最近一次，你被人伤害的经验。这个人是不是把你生命中经历过很多次的恐惧感，一次全部给唤起来了？我们的关系错综复杂，我们自己却把它弄得比原来还要复杂。为什么会如此呢？因为我们一直在寻找完美的父母，结果却换来一次又一次的失望。但我们通常对这些被压抑的强烈感受浑然不觉，一直到伤口被触发。

投射是过去所发生事情的再度上演。最大的疗愈来自开始懂得从源头来分辨这种触动。当有个人唤起我们旧伤之痛时，看起来好像就是他或她，引起这个痛苦。事实上他又是问题，但不是多年以前伤害我们的父母、兄弟姐妹、老师同学。通常我们的伤痛会被唤起，是因为现在我们生命中的这个人，和之前伤我们甚深的人，有着一些同样的特质。我们当下的过度反应，和现在这个刺激来源，不成比例。我们进入每段关系时，都会对那种我们小时候如何被对待的感受特别敏感。我自己的关系则是，只要一发现受到控制，我会就反弹。我看不清现实，只看到每个想要控制我的人。我的情绪一直在控诉着小时候就已形成的信念，那就是没人真正了解我。解决之道是不让自己迷失在投射里。也许我们真的受到控制、虐待或遗弃，但也许只是我们的想象，又也许两者都有，对方也被我们的投射作用搞得很紧张，他们觉得真实的自己没被看见，因而生气或干脆离开。

当然，在这场游戏中通常没有无辜的牺牲者，一个巴掌拍不响。我们被锁在彼此的投射当中，不论是爱人、朋友或权威人物，都有可能。每个人都有他们自己的投射，一旦关系中的双方可以认出这个模式，并开始在这戏码中为自己负起责任，疗愈就开始了。于是我们开始可以为自己的感情负责，而不会因为感到生气或痛苦，就去责备对方。

持续探索自己的否认

如果心有阻碍，通常是因为某一方或是双方，心中仍有尚未泄露出来和说出来的无意识投射。我们的愤怒、受伤和被背叛的感觉，许多是来自我们压抑和否认已久的需求和渴望。我们将投射一直压在无意识里，因为不想承认和接受内在小孩的匮乏，这样的匮乏完全与我们认定自己是大家接受的、有吸引力的、富有灵性的相互抵触。

例如，卡拉的无意识就投射在她爱人身上。她觉得男友应该要好好照顾她，让她衣食无虞，这却又和她意识层面的理念冲突，她想要自己与男人在一起时，是独立自主的。但她的内在小孩根本不理会这样的想法，内在小孩其实想要被照顾。所以遇到她有期望需要满足时，她会否认压抑，但是当她的爱人不能如待公主一般地呵护她时，她又会生气。在个案工作中将她的这些投射带到意识层面时，她发现自己一直紧抓着一种痛，那就是小时候没有父亲照顾和给她安全感。允许这样的痛苦流露出来，让她在关系中期望落空时，不再像过去那样反应。当她可以去感受并分享出这份被触动的痛苦时，就不会再一味地责怪爱人了。

斯蒂芬是成长团体的带领人，独具魅力，带领技能一流。但他也看不出自己的形象底下，深藏着一个孤独而极度渴望爱的内在小孩，他总是把这些需求藏在团体治疗师的成功角色背后，流浪在一段又一段的罗曼史之间。他就是不能正视自己在否认着什么，要和他自己的需求联结，就必须放下他的外在形象，让自己进入受伤的内在小孩。

要能穿透我们的否认去接受真实的需求，可以问问自己真正寻找的是什么？我们完美的父母是什么样子？这会有所帮助。

以下几个问题可能也会有帮助：

- 我们怎么知道自己是觉得安全的、被爱的、被了解的和受支持的？
- 我们在什么状况下会觉得对方把我们放在他们心中，他们心中有我们？
- 最后，当我们对他们做出同样的事来时，我们自己觉得如何？

查尔斯前来求救，是因为他交往了两年的女友要和他断绝关系。女友抱怨说他没有完全敞开自己，她已经厌倦了要一直想办法去和他的情感联结。就在五年前，另一位他深爱的女人弃他而去，投向别人的怀抱，于是他决定不再有所需求，退回到自己的音乐世界，才慢慢平复过来。但是伤口仍在，而且他仍然因为太害怕而不敢敞开自己，他深信如果自己的需求让新爱人知道的话，她一定又会拒绝他，就像前任女友一样。可是就算我们极力掩饰，我们的需求还是不会消失。如果我们可以拥抱自己有需求的内在小孩，开始去感觉和接受自己内在的渴求、恐惧和痛苦，我们就会再度回到自己，且能从对方身上得到爱的交流。

从投射到完整

我们都会有投射。然而，是要从投射中成长学习，还是在投射中落入更悲惨的戏码，取决于我们对于自己的所作所为，到底了解多少。我们要不是落入投射的僵化模式，就是持续在投射中探索更深的自我。

投射是块沃土，可以用来自我探索和成长，也可以带来冲突和停滞。我的灵性师父曾说，了解自己的投射时，关系会发展为一种无声的分享。这看来可真是漫漫长路啊！但谁晓得呢？现在我们能做的，就是学习对投射有更慈悲的了解，越深越好。

练习一：
认出重复的模式

花一点时间探究你最重要的关系，可以从爱情关系开始。也许以下的问题会有帮助，或许你可以边看边将答案记下来。

当你在反省这些关系时，包括你现在的关系（如果有的话）和过去的关系，是否注意到你一直在重复相同的模式？

- 在什么状况下，你允许自己受到伤害、虐待和误解？
- 在什么状况下，你会妥协？
- 以前在什么状况下你会受伤害，而现在有同样的模式吗？
- 你的爱人会一直给你同样的响应吗？而你每次的反应方式也是一样的吗？
- 你自我保护的方法有模式可循吗？
- 你对爱情和敞开，通常会一再反复出现的负面信念是什么？

常做此练习，想一想你现在最有意义的关系：你和亲密朋友的关系、和上司的关系以及和你孩子的关系。你注意到这些关系和你的童年有何关系吗？例如：

- 你和好朋友之间的某些关系，是否让你想起以前和兄弟姐妹的关系？
- 你和权威人物之间的某些关系，是否让你想起你和父亲或兄弟姐妹之间的关系？
- 你和你孩子之间的关系，与你父母和你之间的关系，是否有某些类似呢？

注意这些相似点，并把它们记下来。也许你是在没有觉察的情况下，在生活中创造了这些关系，好去完成某些事情。通常那些看起来最难的，还有我们最想摆脱的，就是我们最需要去学习的。花一些时间想想每段关系，看你是否能分辨其中的功课是什么。

练习二：
探索你已内化的父母

在你的座位面前放置两个坐垫——一个在左，一个在右。其中一个代表你内化的父母，另一个代表你受伤的内在小孩。你先坐在代表父母的垫子上，面对代表小孩的垫子，开始对小孩说话。接着坐到孩子的位置上，去响应父母。继续来回作对话的响应，让这个空间越来越深刻，注意有什么浮上表面。父母对孩子说了些什么？父亲或母亲在孩子身上加诸了什么能量？孩子又如何回应？而孩子的能量又有何改变？

练习三：

发现你自己没有活出来的部分（失去的部分）

在一张白纸上，列出下面内容：

- 你最喜欢的人的特质。
- 你最不喜欢的人的特质。

当你与第一种特质的人相处时，你也许觉得很轻松、有滋养和被爱的感觉。这当中可能有你拥有的特质，虽然很喜欢，但你并未将之活出来。

当你吸引到第二种特质的人时，你就有机会去了解自己从未好好正视的部分。

现在：

- 列个清单，写下你的爱人吸引你的特质是什么。
- 列个清单，写下你在爱人身上发现的特质是什么。

比较一下这两份清单。

两份清单上共同的项目，可能是你觉得很棒，但自己没有活出来的面向；那些第一个清单没有、而在第二个清单上有的项目，则可能是你一直批判，因而尚未作自我探索的部分。

第十六章　尊重和界限

——尊重自己

对人敞开会带来恐惧。我们都曾经历过的最大恐惧之一是在敞开自我时，受到侵犯、虐待或被人占便宜。我们既期待敞开，又怕受伤害。如果一直处在自己封闭、防御、孤立的世界里，至少不会受伤。但这已行不通了，尤其是在我们探索之旅的这个阶段。那该怎么办呢？我发现这个课题开启了在自己身上工作的一扇重要的门。当我们走出孤立，并意识到学习联结是疗愈的一部分时，功课之一就是学习尊重，尊重自己也尊重别人。这点很难做到，因为我们内在总有着想去冲撞别人的欲望。如何创造一个世界，身处其中既可以满足自己的需求，又可以尊重我们身边的人？我想这就是大家都必须一再学习的主要课题了。

内在任性小孩的两面性

尊重的课题唤起我们内在两种不同的能量。其中一种能量的感受是，除非抓住我想要的，否则我永远也别想得到。另外一种能量则是受到很深的惊吓，没胆量又没力量对人说“不”，老觉得别人都在占我便宜。第一种人会说：“不要压抑我，我要自己来！”还有“我要得到我想要的，现在就要！”第二种人则说：“请不要离开我，你要什么我都给你。”结果是怨恨地觉得“信任谁都不安全。”

第一种人的信念是，每个人都是来压抑我们的能量、不让我们出头的。第二种人则相信，没有人会尊重我的私人空间和我这个人。我们可能压抑了其中一种信念，所以似乎感受不到两种声音的存在，然而我们内在真的是有两种声音。不论如何，总是有些时候会是我们认同着其中一种声音，而我们的爱人或朋友则认同另一种。这两种都是尚未疗愈的伤口，需要在这上面做内在工作。我认为这些带来了我们尚未学会的业力功课，必须下功夫学习。前一种人要学习尊重别人的需求，而后一种人则要学习尊重自己的需求。

我们为何没有互相尊重呢？因为求生的需求让我们盲目。如果我们都活在自然的本性中，有觉知意识地活着，我们就可以完美地以纯真、脆弱、开放的状态，存在于这个世界上。不幸的是这世界并非如此，至少现在不是。当我们认为有生存危机时，就会认为必须照顾、保护自己，这时候通常无法对别人有敏感的心，而会开始去侵犯别人的空间。**我们的界限在小时候没有受到尊重，因此，自然就失去了尊重界限的能力，不管是对自己的界限，还是对别人，而且对这两者都没有觉知**。

这里有个例子：几年以前，有个朋友借了我的手提音响却没有先问我。我回家时发现音响不见了，而且没有留下字条，什么都没有。实在搞不清楚发生了什么事，很自然地以为弄掉了它，或有人偷了它。几天后，我的朋友才说：“噢，对了，我借了你的音响几天了，明天我拿来还，好吗？”失而复得让我松了一口气，而且我一向都是个“好”人，我就说：“噢，当然没关系。”我内在的声音告诉自己别这么大惊小怪的，不过是有人借了东西，而且还是这么要好的朋友。但是，我的内在总是不安定，结果下次我再看到他时，就觉得疏远了。

我们两个人合演了这个戏码，一方被侵犯了，另一方侵犯了别人。我们必须学习果断又优雅地设定界限，要学习对于别人的需求和空间敏感，同时也对自己的需求和空间敏感。让我们来探索这两个领域。

太阳神经从的疗愈

学会爱自己，并觉得自己值得珍惜，那么我们就赢得了自尊。当我们重新发掘自己的珍贵，自然就会尊重自己的界限，并去发掘保护自己空间的技能和勇气。在还没有学会这点之前，我们只能在牺牲者和暴君之间打转。牺牲者释放出一种招来羞辱的能量，暴君则借由羞辱他人来避开感受自己的羞愧。在从事共依存工作之前，我对于自己或别人的界限没有精确的认识。我让自己受到侵犯，而不知道发生了何事；又很粗枝大叶地去侵犯别人的空间而不自知。我一直以为自己是个慷慨的好人，却无法解释深藏于内在的怨恨或羞愧。

从牺牲者的角度来看，我甚至不觉得自己是受到侵犯的。而当我真的觉得别人所作所为引起我的困扰时，我会漠视它，假装不在乎，或者我会不承认自己受伤，而用理性来解释它。这些方法都比去面对那个人要来得容易，我会听见内在的声音这么说："哦，这没什么大不了的！"或"我想我需要学习付出或原谅多一点"或"哦，他们没有想清楚才会那样做的"。

在我们无法设下界限的背后，其实是害怕失去对方的爱，或害怕他们会对我们生气，不理我们所说的话。那声音是这样说的："如果我说出我的感受或确认我的感受，我会受到惩罚，被看不起、不被理会、会被侵犯、欺负、生气，或被虐待。"因为我们的羞愧，让我们失去了与自己的感受和内在空间的联结感。我们对爱和赞同的需求如此孤注一掷，以至于我们将自己的需求空间越缩越小。我们招来侵犯，因为我们没有活出自己的能量。当侵犯来时，我们没能认出它，而且还继续强化这个内在程序，让自己的界限变得真的不重要而不受尊重。对于这个受伤的内在小孩而言，自尊的需求远不及被爱的需要，因为被爱和受到关注是生死攸关的大事，而自尊则是遥不可及的奢侈品。

但其实对于我们的存在而言，自尊是我们生命的血脉。出于羞愧的自我，我在恐惧和内疚的空间中自行运作，不想惹出任何风波或冒任何险，去招来负面的回应。有一次，在罗伯特·布莱（Robert Bly）的男性工作坊中，他提到当自己觉得事情不对劲时，让内在声音说出“等一下！”是很重要的。我喜欢这个说法。但是我留意到当我觉得受伤时，那种强迫自己去取悦或退避逃走的驱动力是如此的强大，需要说好几次的“等一下”来改变这个模式。然而，当我给自己空间去感受和检查时，就会有很大的转变。我在重新找回自尊的过程中，已经注意到必须采取的正确步骤，这些阶段有高度的重叠性，但也有一步接一步的明确程序。

阶段一：认出被侵犯，并且重新确认自己的界限

当我处于惊吓时，会变得退缩、成为取悦人的小丑，因为被吓到了，因为我害怕会出现暴力、对抗、生气或不和谐。当我开始对自己的羞愧和惊吓进行工作时，会密切留意自己受侵犯时的感觉。刚开始我会觉得能和某个人有联结是很棒的，但在那之后，我会觉得糟透了，于是我必须回到那个我背叛自己的时间点。原来我太注重和谐气氛，而没有办法当时就意识到这一点。

我们总是责怪他人让我们蒙羞，然而这不是对方的问题，学习自尊是我们自己的功课。

我可以回想起我生命中觉得羞愧的那些时刻，那时无地自容，吓得说不出话来。由于我的害怕和需要别人赞同，我会发出一种邀请别人来羞辱我、不必尊重我的振动频率。当我意识到以前送出的非语言信息时，我开始穿越自己的羞愧。

第一步很简单，只要学着认出我何时允许自己进入羞愧。这需要学习并确认那个羞愧和惊吓的空间，感觉它如何在我身体运作，对我的能量产生什么影响，让我内在有什么感受，让自己觉得是个怎样的人。总之，我需要学习认出那个攻击。

要认出何时感到羞愧或觉得被攻击，功课之一是要学习什么是界限。对我而言，了解到下面这些事情都是对界限的侵犯，实在是太震惊了，包括当别人和我们讲话时没有注意在听；没有尊重相互协议好的约定；让人空等很久，该还的债不还也不事先讲明；拿了别人东西也没有先问等。如果我们小时候不太能拥有自己的身体空间，可能会持续地感觉封闭，或是变得否认自己的需求。如果小时候曾遭性虐待，那就要花很大的工夫，学习重新认识性的界限。如果小时候被教导要为别人的感觉感到内疚或一直被教导应该如何感觉、如何思考，这些情绪上的虐待，那么当我们要提出自己的想法时，就会觉得内疚。

重新学习界限并尊重自己的界限，是个持续回到自我并信任内在的历程。当事情不对劲时，我的内在会感知到。

阶段二：感受自己的怒火，进行疗愈

如果对愤怒的感觉和表达都受到压抑，就会和自己的力量切断，我们就会垮下来，并陷入自我贬抑的耻辱中。当我从自己的惊吓中恢复过来时，躲藏在内层的怒气开始浮出水面。学习说“不”并且找回自尊，代表着能和我们儿时所遭受到而紧抓不放的愤怒和羞辱，重新联结起来。尽管我们发展了各种生存的策略，来应付威胁和攻击，但内在小孩是不会忘记任何一次羞辱的。然而过去所有的怨恨都到哪里去了呢？都还在我们内在，深埋在内疚和恐惧的底层。它会用所有间接的方式再次渗透呈现出来，如隐藏的攻击、喜怒无常、坏脾气、抱怨、冷嘲热讽和暴力相向。我们会创造出那些让愤怒一触即发的情境。一旦愤怒被唤起，能多有创意地对它进行内在工作，全要看我们自己的意愿。

我想到自己生命中有过的经历。当时我在一个治疗学院工作，担任其中的一个主治治疗师。主任和我都相互尊重，但彼此的工作性质却很不一样，我比较偏心理学取向，他则较偏向秘传。有一次，他把女友送来我的工作坊，表面上是充当助理，但实际上，他有个秘密计划，是要在学院中以他的秘传取向为主，建立一个更统一的制式课程。起初，我把这看作一个成长的机会，可是没多久我就发现，他的女友一点都不了解我的工作性质，与其说是来帮忙，不如说是来搅局的。我非常生气并将这样的感觉告诉我朋友，他马上跟我道歉，并承认他没有弄清楚状况。表面上一切都还好，而问题也似乎解决了。但对我而言，这件事还没有结束，因为它触动了我内在一个大伤口。

我心怀怒火和怨恨，随着时间流逝，开始看出这件事触动了我内心深处被忽视和不受尊重的伤口以及多年来当我无法确认自己的价值和创造活力时，所压抑的怒气。当我没有为自己站出来说话、没有为自己争取别人的尊重时，我总是和自己生气；对于那些我认为没有注意我并尊重我的人，我也感到盛怒。这种触动在所有人际关系中都会发生，特别是在爱的关系中。情人间如果没有过一阵子就吵一下，搞不好就会有什么压抑着。我们总会互触扳机，挑起彼此的伤痛。我们也可以继续保持和谐，直到旧伤浮出台面。感谢上帝，没有这样的互燃火花，我想我们都会无聊死了。

我们的关系会唤起愤怒，是因为我们必须将这股能量从压抑中释放出来，重新找回它。然而怒火一旦触发又该如何处理呢？要疗愈崩垮的太阳神经丛，就必须在自己界限被侵犯的任何时刻，都能很自然地说“不”！但如何可以做到自然的表达，而不会像平常那样退化到责备和受伤呢？我们真的必须重新充电，再一次回溯到压抑的愤怒中，与之接触，进行内在工作。理想的状况是，我们可以创造一个安全又接纳的空间，好让愤怒可以释放出来。要和这股能量重新联结，即使我们对着某人或一个枕头尖叫咆哮也没关系。但是，至少对我而言，在现实中，当愤怒触动并发作出来时，或许我们也需要一段时间，去向触动我怒气的人反弹、表达出来。我知道我需要这样。如果我停下来，想一想该如何“正确”对待自己的愤怒，那么愤怒会被再压抑回去，即刻的反弹似乎帮助了我去感觉它。

阶段三：回归到自己的中心

然而，无论如何，对触怒我们的人持续地反弹和咆哮，并不能疗愈羞愧、寻回自尊。我们得回归到自身来疗愈自己，当觉得被欺负时，可以渐渐从反弹行为，转化到只是去感觉和信任自己，从防御渐渐转变到回归自己的中心。在第一种状态中，我们基本上只是在喂养进入反弹行为和生气的瘾头，然后找个理由保护自己。在第二种状态中，我们能与自己自在相处，并知道什么对我们是对的，于是保护就不再需要了。

最近，我和一对情侣进行一段疗程，他们刚参加过一个工作坊，正想找到一个可以解决他们冲突的方法。对他们而言，互相表达愤怒是没有问题的。但是，要互信到能在对方面前敞开自己的伤痛，就很难了。在我做的个案疗程中，我们设法找出途径，让他们两人可以卸下争战的掩护，去感受情感底层的脆弱。在找寻生气的源头时，几乎都会有深刻的洞见出现，包括生气的真正理由，还会看见很多脆弱和悲伤在其中。

在另一个真实情境中，刚好是相反的状况，两个人都要冒险去表达对对方的怒气，让双方一起成长。我有两个朋友在一起已经四年了，由于他们的制约，所以都不敢表达或接受生气。就跟一般情侣一样，在一起一阵子了，互相总有一些愤怒和怨恨在其中。他们不直接向对方表达怨恨，而是采取间接报复的手段。他们会拒绝性爱，变得喜怒无常，向别人抱怨对方的不是，却又不当面说清楚。一旦他们找到直接表达自己烦躁不安和怨恨的勇气时，他们的关系就能改善许多。

对于我们这种由于恐惧和受挫而压抑愤怒的人而言，直接表达愤怒，实在是一种震撼疗法。小时候如果表达怒火，我们会被拒绝或是被施以惩罚。现在我们可以学习如何表达愤怒，并看见自己不只可以身处怒火中而不死，而且人还活得好好的。一般人常以为只要找回自己生气的能力，就可以疗愈羞愧的伤口，事情真是这么简单就好了。不过，从失魂落魄到可以接受和表达生气，已经是令人振奋的一步。这并不表示我们已重新找回自己的力量，然而人际关系的确会变得更亲近。它带给我们防御自己的力量，让我们有力量保护自己的脆弱。

我小时候常被我哥哥戏弄，这样的经验留下了一个期望被戏弄的伤口。朋友间如果有人这样对我，就会唤起我对哥哥的投射。我对有个朋友就有这样的投射，他老是喜欢模仿我，当我说了什么让他觉得滑稽可笑的事情时。刚开始我也没说什么，我只是吓得愣住了，但当我允许自己处在这种情绪中时，发现在惊吓之下的是愤怒，是一座要发作的活火山，联结到我小时候被嘲弄又没有实时反应的经验。我在这个愤怒上工作，后来当它再发生时，我就向朋友表达我的愤怒。这次他道歉了，他也感谢我可以这样面对他，因为他也可看出那是他小时候对待他弟弟的方式。

然而，在疗愈我们的太阳神经丛，并重新找回自珍自重的过程的最后，我们可以确认自己的主张、回归中心、强而有力，不受投射作用的影响，可以呈现脆弱又不表现反弹行为。确定自己的主张和显露自己的脆弱，是我们设下界限的两个不同要素。从疗愈的空间来看，它们能适用于很多不同的情境。让我们来看看。

当我们从**回归中心**的空间去响应事情时，**响应是在清晰知悉自己想要什么、需要什么和有何感受之后的自然结果**。响应的目的不是要去伤害、打倒、攻击、责备或处罚对方，而是要从我们自主自尊的空间里，把更有觉知的意识带入到情境中。当我和自己回归于中心的确定主见联结上时，这股能量位于我的腹部。不管我是否生气，那股愤怒都不能扰乱我的清楚意识。不论是和朋友、爱人、熟人或是在工作伙伴关系中，学习拥有自己的主见、回归到自己的中心，这样的机会会一直出现。这些情境的出现对我而言，是一种不断的考验，好让我树立自己的尊严，不允许事情只是听其自然、大事化小或假装它不重要。

在很亲密的关系中，当我们觉得被侵犯或不受尊重时，通常都会进入脆弱中。总有一些时刻，我们会有一方或是双方落入受伤的内在小孩中，变得需索无度、爱操控别人、退缩不前或报复心切，就是无法跳出角色的框框外。在那样的时刻里，我们完全没有空间或觉知意识，去看见或感觉自己在做什么。

在我们不能感受到潜藏在愤怒底层的伤痛，并表达出来之前，最深的自我力量和自我尊重是不会出现的。当我们感受到底层情绪之时，会有一种内在张力，让我们有力量去说“不”，但是，这样的力量仍是基于反弹作用和不信任之上。真正的自我力量，来自内在放松的空间，来自重新信任和允许自己脆弱，即使我们不一定能得到我们所期望的对待，也没关系。在能量上，这表示我们从愤怒、反弹和保护所在的太阳神经丛中下降，而进入了腹部，可以和自己的脆弱和伤口所在，真实地联结上。

渐渐地，我开始看出这个存于我内在的不信任感和不受尊重感的伤口，到底藏了多深多久。这伤口还在复原，但也仍会轻易地被触动，只要有人扣动同样的扳机。这怒气伴随着悲伤，因为那个小男孩如此没有自尊和自信，他允许自己被别人认为没有价值；这怒气也伴随着泪水，因为那小男孩一直挣扎着，努力为自我表达而战。如何能将一切带回到设定界限的领域中？和别人分享我们的受伤和脆弱，可以是安全或者是合适的吗？对我的爱人或亲密的朋友，我沟通的最好方式是说：“当你……时，我觉得很受伤。”我们通常会花时间询问对方当下是否有空间，能聆听我们分享自己的受伤，或说出我们不喜欢的事。

要加深我们和爱人或朋友之间的亲密关系，必须要能这样分享，并且能在温柔和信任的空间里，设下界限。我们都尽力要把更多的爱带进生活里，并且即使曾受到侵犯和不受尊重，仍然能保持情感的敞开和分享。

就在不久之前，我和两个朋友有些冲突。我有被侵犯和不被尊重的感觉，因为有人破坏约定让我觉得被忽视。如果是以前，我会不理这些事，但这次我无法再坐视不管。起初，我很生气和受伤，觉得自己和他们两人的关系切断了。以前我处理这种伤痛的首选方式，就是直接切断关系，这是我在感觉受伤时的老模式和最熟悉的反应。我心中的某个部分会说："忘了他们，反正我的生活中根本不需要他们。"但是在对这两种情境做过内在工作之后，我学会了一些有价值的功课。也许我们都可以学习去处理所害怕的事：去设下界限，并为自己的尊严挺身而出，找回完整健全的自己。

对于其中一个朋友，我看到把我们之间的问题随时表达出来是很重要的。我的内在有个任性的部分，并不想要去做这件事，那个我期望如果有人说他爱我，那么他会一直对我细腻而敏感。这是我过去逃避责任的一种方式。我期望别人，尤其是亲近我的人，对我是敏感、公平、诚实的。当我发现他们不是这样时，我就觉得自己被背叛了。老是带着这种期望与人相处，让我可以保持我的退缩和孩子气。我的内在小孩不想承认，也不想面对一个不能永远真诚、公平和对我敏感相待的世界。

更进一步地探讨，我以前（现在也还有某种程度）处在一种迷惑状态中，期待我对其敞开的人不会伤害我。我没有去看每个人的真实状况，而是将我的期望和任性投射到别人或情境之中。这种状况一再发生，让我困扰不已。我根本不想看清真相，而只是从一个想被公平对待的退化小孩空间里，去和爱人、朋友发展关系。每当找到分享伤口的承诺和勇气时，我通常会觉得被了解和被接纳，在这个事件中就是这样。我可以运用这个触动我伤痛的事件，来检视我所在意的事情，和我在整个故事中的位置。但更重要的，这个事件加深我要不断学习的力量，当我和别人之间发生了不对劲的事时，我会愿意将事情一而再地讲清楚。

和第二位朋友的关系，除了设定界限之外还有更多的纠葛。我对这个朋友有许多无意识的期望和投射，我只是一味地期望，却根本意识不到这一点。我当时并没有觉察到，他触动我内在的伤口有多深，包括不受尊重和不够优秀，我不敢当着他的面承认，因为我太爱面子了。我必须要能接触到内在的投射，放下自负，并暴露内在的自我。当我们觉得被人侵犯时，通常也是因为我们对对方有深切的需求，而自己却不知情，这种很想要的感觉触动了我们的羞愧。然而我们不是太自负，就是太固执，而无法看出这一点。在这种状况中，光是设下界限是不够的，因为没有进入事情的根源。

这种状况往往和父母有关。我们大部分人都要历经一段和父母设下界限的历程，不管用什么方式。但同时我们仍然要觉知到，自己想从他们身上得到什么或期望什么。在我们尚未辨识出投射时，设下界限对于治疗羞愧的伤口并无多大帮助。我有个女性朋友，只要她的父亲一开始批评她赖以谋生的工作，她就抓狂，但是她仍跟父亲拿钱，因此很自然地在这方面她父亲夺去了本属于她自己的权力。多年前，只要我父亲无法接受我这种与众不同的生活方式，并轻蔑地批评我的生活形态时，我就很受伤。受伤的背后，是一个没被意识到的期望，希望他能接受我做的选择，并给予尊重。

在这些例子中，我们因为对自己的生活没负起责任而升起的羞愧，不亚于不知道如何说“不”的羞愧。我看到我的羞愧阻碍着我，让我无法看到、感觉到自己是个可以处理自己生活的人。我感受不到去看见和处理真实情境的内在力量，包括过去和当下的情境。正因如此，我退缩了，无法为自己负起完全的责任，这样的羞愧让我还想被父母疼爱。但是我并未意识到这点，并在这上面做内在工作以穿越羞愧，所以当人们没有按照我所期望的方向去做时，我仍选择感觉被背叛。在所有这些例子中，重点是我们的自尊并不取决于我们如何与人相处，或相处的对象是谁，而是在于我们如何与自己相处。

在设下界限的最后阶段，我们要觉知自己和他人的联结，并不是一场战斗，而是一个可以去感觉自己脆弱的机会。一旦太阳神经丛得到疗愈，我们根本不需要证明自己能在诸多伤害中，保护我们受伤的内在小孩。因为负担已经消失于无形，战争已经结束，我们的响应不再是压抑怨气的反弹行为。如果我们觉得受到侵犯，内心又有空间可以分享其中的受伤，我们可以分享它。如果没有这样的空间，那么我们可以运用回归中心的自我肯定。

上述各阶段是一种持续、重叠的过程。我仍然常常不能达到这么清晰又没有反弹行为的状态，我的内在仍是有负担、有愤怒的。我会怨恨、切断感觉、闹别扭、报复和惩罚别人，总之，我会做一些意识清醒时不会做的事情。但是，我可以拉远一点距离来看待这一切。还有，我不再处在惊吓和怨恨之中，而是可以去感觉和表达，而且现在更能表达自己的伤痛。

去感觉那股能量并表达伤痛，似乎是寻回自尊的一个主要来源。最终，我发现我们会来到一个点，就是看出：其实没有人可以欺负我们。就连被欺负的想法，都是羞愧和惊吓的产物，是我们恍神的一部分。要从其中超脱出来，必须用不同的方式来感觉自己，感觉我们的中心和尊严。这会慢慢发生，只要它发生了，我们的迷惘和不信任都会越来越少；只要开始疗愈，我们就更能直接说出自己的感受。这样的疗愈是从反弹行为、防御和攻击当中下降，而进入到脆弱当中，也就是从太阳神经丛来到腹部。

崭新的自我形象

在羞愧上工作时，我发现，原来我是深深认同于羞愧的自我形象的。我是一个可以被羞辱也应该受到羞辱的人。之后，我又变了一个人，变得总是为自己挺身而战，以免被人欺负。但是没变的是，这两种人同样是牺牲者，对受辱有同样的认同。只要我以羞愧的自我形象活着，我的生活中就不会有自尊，而只是一直在饲养着内在的羞愧。出于这样羞愧的自我形象，我变得不诚实、逃避面对真相，不管是对自己或对别人，都自觉没什么可尽心尽力的事。我把自己的能量转移、分散，或去做上瘾的事，以至于没什么能量可言。然而，当开始在羞愧上做内在工作时，情况开始有所转变，我不再认为自己是个羞耻的人。

只要羞愧的伤口没有愈合，我们就会吸引侵犯自己的人，去重复早年的经验。所以别人不是问题所在，问题在于我们自艾自怜的伤口，在于我们的自尊受了伤。疗愈需要和我们内在的痛苦联结，最终能找到足够的内在中心力量，让伤害不再发生。我们从内在下功夫去阻止外来的伤害，方法是去了解和感受羞愧，越来越深刻地感受自己，同时去爱那个受伤的内在小孩。

第十七章　尊重和界限

——尊重别人

我们大部分的人不只会被侵犯，还会去侵犯别人。似乎两者都会发生。我发现，**尊重别人，并看出自己如何无意识地侵犯别人的界限，是我们最抗拒去看到的自我盲点**。我想这是因为我们真的吓坏了，太深的惊恐，生存的恐慌，让我们觉得必须不惜一切代价去满足自己的需求才行。如果去敏感察觉到他人的需求和空间，会对我们产生太大的威胁。

如果要正视自己的粗心大意，反弹又任性的内在小孩就会回答说："看哪！我得顺着自己的能量走，我不能总是限制住自己吧？如果你生气或受伤了，那是你的事。"或者，我们会来个完全的否认："你说我对你心思不够细腻是什么意思？我可不知道你到底在说什么。"或者，我们会觉得内疚。

我想，每个人都清楚自己的自私自利，会牺牲别人来满足自己。这种状况常会被否认和掩饰，但是我们会不时觉知到自己在这样做。内心深处，我们可能会对自己的自我中心和对人不体贴感到羞愧。然而，这却不是轻易就可以有所改变。

尊重别人的三个面向

在尊重别人这一点所做的工作，可以分为三个面向。

1. 回到内在根源

要探索自己在情感上的迟钝、不够敏锐，有一个很重要的面向，就是要探索它的根源。我发现有两个基本的根源：第一个是恐惧，第二是被制约成压抑自己的脆弱，并且学到为了生存就要不惜代价。

在受伤小孩的意识里，我们是基于恐惧行事的。当行为缺乏对别人的尊重时，我们事实上是被恐惧所左右的。除非好好处理它，即使我们愿意去尊重别人并变得敏感，所有的善意也都没有意义，因为不是来自根源。要让我们的迟钝得到疗愈，必须了解这样的不敏感从何而来，而非一直批判它或想改正它。我一直觉得自己在很多方面都很自私，更深刻地说，我从自己狭隘的想法和需求中，很难看到真实的外在世界，我把这点隐藏得很好，但其实我的内心深处是非常内疚的。

我被制约成要懂得付出并且关怀他人，然而我却总是以某些方式抗拒这个设定。每当我想对别人好的时候，我的自私就会以某些方式告诉我：我不想只是个“好”人，我想先找到我自己。

内在的自我发现绝非外在的道德行为可以替代，虽然我们的文化试图这样导向。

只有自我觉察，才能够让自己可以真正对别人体贴敏感、仁慈、关怀和觉知。要开启对慈悲的学习历程，必须先脱去制约的束缚，找到真实的自己。在那之前，我们的行为是来自内在的愧疚，会想要去对人友好、周到、做对的事，但内心却是空虚的。当我第一次遇到我的师父时，内在有一种释放解脱的感觉，我听到他挑战所有“正确”生活的道德行径。他说，**我们需要的是觉知，不是道**

德。**然后，正确的行动会自动出现，否则我们只是持续地压抑自己而已**。

我们之所以会对别人缺乏觉知又不敏感，是因为意识处于小孩状态时，只会专注于自己的生存需求。要照料自己的恐惧和没安全感的方式，可以通过静心让自己去接受和感觉那份恐惧，或是进入到我们的生存策略中。静心让我们内在恐慌的小孩得到滋养，可以接纳当下、放松恐惧，让静心的觉知意识像父母般地爱护自己。当没有处于静心状态时，我们的生存策略就接管了，它的本质是对他人不敏感的。

我们之所以缺乏对别人的敏感和尊重，也源自一个深沉的制约。通常我们的能量和行为都已经模式化了，那是小时候从照顾我们的人身上学来的。如果我们父母之一是专横暴力的，我们不只学会了当牺牲者，也学会了当一个暴君，我们常常既是受虐者，又是施虐者，端看我们当下相处的对象。丹尼·凯（Danny Kaye）的电影有一幕正好是这个情景的绝佳诠释：有个主管欺负属下，属下就再欺负属下，如此欺负下去，最后一个被欺负的是丹尼·凯，因为没有人比他职位更低的了，所以他就踢身边一条无辜的狗出气。我们大部分的人在生活中都会干这样的事，这只是将我们小时候的戏码无意识地再次上演。然而，借由带着爱和了解，再度回到自己的历程中，就可以改变这样的情况。这样的静心状态，给内在提供了更广阔的空间，让自己有能力从无意识行为中回头，我曾亲见这历程在我内在发生作用。

2．邀请别人给予反馈

当内在有更大的空间时，我们会更有能力去探索无意识，比较不会认同自己的生存策略，而能客观看待这些策略。如果真心愿意揭开自己的无法尊重、没有觉知、任意和自私，并在自己身上进行内在工作，改变就会发生。要能够达到这样的状态，我们需要观照自己反弹任性的内在小孩如何行动，方法之一就是请别人给我们反馈。

当我们敞开自己的迟钝和浑然不觉，让亲近的人给我们反馈时，我们会来到一个变得有意识觉知的转折点。这就如同对自己和对别人敞开自己的盲点，希望大家帮忙看穿这些盲点。在这样的过程中，我们是在滋养一份深刻的渴望，以一种比较不激动的方式生活。在我的生活中，我发现和一群致力于自我成长的朋友在一起非常有帮助，这些朋友会互相给予和接受反馈，提携彼此的成长。

我们可以开放地或仅在能量上问我们的爱人和朋友："你觉得我在什么状况下是迟钝的、没有尊重到你，或什么状况下侵犯到你的界限？"

这种提问创造了一种氛围，一个人先敞开他或她自己，接受别人充满爱的反馈，而对方也愿意分享一些平日难以言喻的心情。在日常生活中，可以和朋友或爱人互相约定，当没有尊重到彼此时，要以一种非攻击的方式让对方知道。将自己的不知不觉和麻木不仁从封闭中敞开，暴露出来，得到反馈，而不让自己那么的依附于"圣人"的角色，透过这个过程，可以建立起彼此间深厚的信任和亲密感。**当有人做了不尊重我们的事情时，我们会很生气，但是当我们感受到他诚心诚意想知道自己如何伤害到我们时，怒气就又消失于无形了**。

有些人小时候就很懂得操纵、掌控自己的父母以及周遭的情境，好得到自己想要的。由于运用得太好了，长大后自然会在爱人和朋友关系中，继续运用。在内心深处，我们可能默默寻觅某个人，他强得足以对我们设下界限。我们的关系成了一场权力斗争，除非我们愿意真心回来看自己内在的东西，而不是等到别人的反弹或要求，否则真正的疗愈是不会发生的。我们的迟钝性格是黑暗的角落，是人格结构中难以穿透的僵固区域。有时候会觉得自己最深不可测的生存机制似乎根本就不想浮现到亮光中以得到疗愈。然而，如果我们真心想要疗愈，打开心房的承诺也够坚决，这些黑暗角落就会消失不见。

3．感受缺乏觉知的痛苦

在最深的层次中，要懂得如何尊重别人的最有力的方法，就是去感受自己缺乏觉知时的痛苦。我生命中经历过最痛苦的时刻，就是发现由于自己的迟钝，而让亲密的人受伤痛苦。有一个事件可以为此作注脚：当时还是青少年的我，超爱打网球。我母亲正举办她个人生平第一次雕刻展，结果开幕式我迟到了，就为了把网球比赛打完。她有多么伤心或甚至这件事对她有多重要，我都毫无感觉，直到第二天，她泪水盈眶地和我分享她多希望我能赶上开幕那一刻，我才恍然大悟，我跑回自己的房间痛哭一场，大受打击，不只因为在这事件中表现得如此自我中心，而是我生活中常有类似的情况发生。

我在想，我们不想去感受或看见自己的迟钝，是因为害怕觉得自己真的很差劲。当我允许自己去感觉那份痛时，内在第一个被触动的，通常是内疚和羞愧感。要批判自己是很容易的："我怎么这么迟钝呢！""我真的很坏，这么自私又不顾别人死活！""有谁会爱上或尊重像我这样不懂得体恤的人呢？"这些自我批判的声音常常涌上心头，我也很容易就自动为自己的所作所为辩护。

然而，找到一个内在空间，接受自己的迟钝并敞开它，是很重要的。只要我们能接受它，就可以疗愈它。我们都在通往疗愈的路上，而疗愈的重要一步，就是接受自己有时还是无意识的，是因为我们的无意识造成了自己的不敏感。正是去看见我们如何伤害了他人，这份看见的痛，能让我们疗愈。这样的痛够强、够深，能卸下我们生存机制中的心理防御和固执，带来意识层面的深刻转变。

当我们在清醒时还留有顽固的心理防御，那么我们日夜引颈盼望的自爱和自重，就难以得到。

我没找到任何学习觉知和尊重的快捷方式。将更多觉知和亮光带进生命，已渐渐成为我生活的一部分。当然我必须给自己很大的空间，允许自己可以犯错，可以是无意识的。要记得，一个惊吓恐慌的小孩，是无意识的，他做一切只为了满足自己的需求。然而，借由越来越深入的理解和静心，恐惧变得越来越没有强制力，也越来越不能主宰我们。

尊重来自内在的宽广空间

在这两章中，我们一直在讲述找回自尊的历程，一方面要重视自己的界限和完整性，另一方面要学习如何更关怀、感恩和体贴别人。基本上，这不是两个不同的历程，而是同一个历程。我们越能觉知自己的界限，就越能觉知别人的界限。越能感受别人空间被侵犯的痛苦，就越能感受我们空间被侵犯的痛苦。不管是对别人或是对自己，能了解不必让恐惧来主导自己的人生，都是一趟回家的历程，包括我们面对别人时、让自己暴露在别人面前时或是看见自己的迟钝时的恐惧。在静心中，我们可以在腹部创造更多空间，更多距离和更多能力，不再去认同内在那个会妥协和侵犯别人的恐慌小孩。内在的宽广空间，带回了尊严与尊重。

练习一：

对不愿分享的觉察

每次选一位在你生命中最有意义的人，想象他正坐在你面前。

- 你和这个人有什么事是没有分享过的？
- 有没有什么事是你就是不想和他说的？
- 是什么原因让你不想和他说呢？
- 你是不是觉得在某方面，这个人对你的感受很迟钝？
- 在你的分享中，看看是否有怒气或防御心升起。注意那股能量从身体的哪个部位出来。
- 和这个人在一起时要把脆弱表现出来，是不是很难？为什么会这样？

练习二：

对尊重的觉察

选一些在你生命中很重要的人，包括你的爱人，写下你觉得你对他们的空间不够敏感，或不够尊重的做法。注意一下，当你想从他们那里得到什么时，你是怎么做的？你用了什么策略？

第十八章　融合和分离的微妙之舞

我们单独的能力一直没受到真正的考验，直到有一天我们对某人敞开，甚至于是一直对他保持敞开时。在那之前，我们会认为单独只不过就是孤立的状态。亲密关系让我们必须面对失落和被拒绝的巨大恐惧。它也让我们去面对另一种恐惧，即一旦我们开放了自己，将会迷失在对方之中。去处理这两种恐惧，分离的恐惧和被吞没的恐惧，是我们进入亲密关系中必经的挑战和必得的回报。亲密地与人联结，也是我们疗愈这些重要伤痛的必要舞台。

分离的恐惧

当我探索自己的分离恐惧时，发现内在有着深层的渴望，希望爱我的人永远不会离开。甚至有一段很长的时间，我希望自己永远不会被人拒绝或是遗弃。我猜想很多人跟我有同样的恐惧，这样的恐惧在各种关系中不时出现，小到我们如何和人分手，大到怀疑爱人出轨、不再爱我们。如果我们有勇气打开心房，会发现一种永远存在的恐惧，就是对方随时都可能离开我们。

然而，当我处于反依赖的角色中，我只是反弹地标榜自己是个独立自主的人，根本搞不清楚自己是怎么伤害到爱人。我和自己的恐惧完全没有联结，所以根本看不出自己激起伴侣多么严重的分离焦虑。但是，在我反依赖的背后，我同样感受到与对方相同的恐惧。我的反依赖行为掩盖了我害怕爱人随时会离我而去的恐惧。我就是和这个感受没有联结。直到我允许自己打开心房时，才看到自己害怕被人拒绝和没有价值的恐惧。我们的羞愧感、没有安全感、怕被背叛和拒绝的恐惧，都这么强烈，所以即使只是情人对我们的同理心少一点点，都会引起我们的恐惧。我们的分离恐惧，会抓住一点芝麻小事，就让我们觉得被拒绝或被背叛。分离会让我们极度惊恐，因为我们不能保证爱人会再回来，所以一定要紧紧抓住什么才行。

我曾觉得很奇怪，哪来这么多恐惧呢？在精神治疗的训练中，我学到分离恐惧显然是因为在很小的时候，基本的养育需求被剥夺的关系，可能是在子宫中，或是出生的头一年，这就造成了内在深沉的不信任感。这符合心理学家埃里克·艾瑞克森（Erik Erickson）所说的第一个重要发展阶段，是学习基本的信任或不信任。我怀疑我们大部分人在生命初期，都有些最原始的创伤，它们隐藏在无意识中，导致我们有很强的分离焦虑。当我揭露了这些问题，而且感受到这些如何深深影响着我的信任感时，对我而言实在是太震撼了。我们都必须面对自己是单独一人活在这世上的事实，世事无常，然而儿时未疗愈的创伤，又使得我们非常害怕接受和臣服于无常。

“我”和“非我”

我们的分离恐惧，会在我称为“我和非我”现象的亲密关系中出现。在刚开始一段关系时，我们都陷在一种“我（Me）”的错觉中。我指的是，我们相信自己和爱人是一致的，而且也感受到这一点（心理学上称为“共生”，Symbiosis）。我们用同样的方式去看待事物、感受事情，对重要之事也有类似的观点。又由于我们有共同的目标、宗教、灵性师傅、政治观点，甚至于电影观感等，我们的共通点就更增强了。可是，要维持我们是一致的这种错觉，迟早会变得越来越难。从小事情中就可以发现，对方并非我们所以为的像"我"一样。之后，痛苦就发生了，我们的灵魂并不如我们以为的那么像，除非我们可以接受"非我（Not–Me）"的部分，否则恐惧就会乘虚而入，让我们以为犯了大错。我们会尽量用否认来隐藏，但恐惧终究会露馅，越来越多的"非我"悄然浮现。

"非我"的出现带来被遗弃的恐惧。我想很多情侣会尽力去掩盖这些事实，因为要面对被遗弃和孤立的恐惧会很痛苦。当对"非我"的觉察涌现时，我们开始怀疑，是否能和对方分享最深刻的自己。有个掩饰"非我"感受的方法，就是保持关系是肤浅淡薄的，每一个人都过着他或她自己的生活，就不必面对这样的痛苦。当情侣在一起时，仅仅是例行见面，而不是深刻分享，即使是性行为都避免太深刻的联结。另一种避免去感受"非我"的方法，是设法改变对方，我就曾努力地试过。我用尽各种方法，让我的伴侣更加用功静心、进行身体工作、和我一起参加工作坊，一起参与所有的进修。而我的爱人则想尽办法，让我变得更能接纳、更女性化、更随侍在侧。结果都没有效，只会带来不断的冲突、误解和痛苦。

之后我们怎么办呢？通常我们会创造出某种戏码，来结束这段关系。在不断换着伴侣的过程中，我们可以保持一种错觉，就是有一天，那个不会让我有"非我"感受的人，一定会出现。但这不可能发生，"非我"的经验是不可避免的。这样的经验会带出分离的伤口，而我们必须得面对它，最后我们会以某种有深度又有意义的方式，意识到彼此的不同。我们不会永远都能彼此沟通或联结，但并不是我们之间的不同带来这种分离的痛苦。迟早，它会在任何深入的关系中呈现出来，我们还是得面对它，不仅是和爱人，和朋友之间也是可能发生的。

接受"非我"是迈向成熟的重要历程。它让我们去面对自己是单独一人的事实。关系常会让我们突然强烈地感受到开始需要面对单独。与某人的关系越深，“非我”的感受就越带来痛苦，因为这份感受和彼此深深融合在一起的感觉刚好相反。我们必须好好处理自己的期待，即希望将会找到一个完全符合“我”的人。该从这样的梦中醒来了。处理我们的分离焦虑，就是要渐进地面对“非我”的感受。了解这世上的无常，承认我们的差异，并仍能保持心胸开放，实在是个不容易的静心。

直到我们真心想要与某人维持亲密关系的时候，强烈的分离焦虑才会升起。只要我们保持反依赖的关系，只要我们恋爱时老是开着后门，我们就不会进入恐惧的房门。但是，当我们爱得深切时，就会进入到这个让人害怕的房间，逼着我们非得面对自己的恐惧不可。重点并非我们要向对方保证自己不会离开他，那是不可能的，但我们也不再因害怕分离而玩把戏。事实上，我们一直都在面对失落的可能，而且最终总会面对它。爱的挑战就是，不管怎样，总是保持敞开。

我发现对我而言，能认出并接受自己有很深的恐惧，同时了解这份恐惧多么容易在脆弱时刻被挑起，就有疗愈作用。以前，我会批判自己和别人的这些感受，而发展出一种灵性上的自我去压抑这些感受。然而，自从我开始接受恐惧，并且在恐惧上工作时，我几乎可以在每个人身上看到它们。我最后了解到，向恐惧敞开自己，是我在灵性之旅、柔化自我和开放自我上的重要工作。

对融合和亲密的恐惧

几天前我遇到一位女性朋友，她刚和交往了5年的男朋友分手。这个前男友和一个少女劈腿还嗑药。她自暴自弃，认为是因为自己太老又不会玩，男友才会离开。但其实真相却是他害怕亲密关系，行为只是他内在恐惧的外显。他不想去处理自己的恐惧，事实上，他甚至不觉得自己有这方面的恐惧。对他而言，在关系中，就等同于“待在自己的能量中”。所以当问题发生时，就是该离开的时候。有一点连我自己也感到惊讶，就是我们可以维持一段很久的关系，仍不会碰到深层的融合与分离的伤口。我知道有这种情形，因为我自己就是这样，而我还一直以为自己是处于深刻的亲密关系之中呢！

我们对亲密感的恐惧，可以是非常深刻且毫无意识的，我们会创造出各种方式来避免面对它。或许是之前亲密的经验，造成我们害怕另一个人靠近的恐慌。当我们有这样的经验时，我们会本能地反弹，以看似无意却带着报复的心态，戏剧化地创造出分手情节。我们无法看出自己一贯的伎俩模式，反而迷失在其中。一旦创造出几次或多次分手之后，我们又会再度渴望亲密。因此，内在需索的小孩会带着我们再进入一段关系，然后又变成叛逆的小孩把对方推开，如此反复着。但是，在这样的过程中，我们从来没有好好地深入检视，甚至可能永远都不会真正面对这份恐惧。

当我觉察到自己的反依赖时，我看见自己对“空间”的需求（这个词对反依赖者而言是神圣不可侵犯的）并不是真的。当我说需要自己的“空间”时，我其实对自己的内在还检视得不够深入。我所谓的“空间”是什么意思呢？我真正想要的到底是什么呢？我发现内心深处，我在寻找的是自己，而非“空间”。光是拥有空间和单独一人，我未必更能找回自己。这个单独，必须是在真诚地想要找回自己的前提下。因为羞愧，让我们很难承认自己需要时间去找回自我。我们常为了爱，牺牲自我，又怕如果真的花时间深入自己的内在，会因此受到惩罚。

很多时候，我得到了空间，但大部分的时间都感到内疚。为什么？因为我想要得到对方的允许，让我去寻找自我。我不能肯定追寻自我的需求是有价值的，也无法面对，当我真的这样去做时所遭遇的不赞同。内疚创造了愤怒和反弹的行为，因为连我自己都不能确定自己的需求。很自然地，我将之投射在爱人身上，认为是他们让我无法自由、无法寻回自我，或无法单独一人。当我们被任何一种投射所困时，就开始相信对方应该负责，结果我们就更无法看到自己内在真正发生了什么。

还有第二个理由就是，我们非要空间不可的冲动需求并不真实。通常，那只是一个让我们用于逃避“对变得亲密的恐惧”的途径。我无法看到自己的恐惧，因为我没有真实地面对它。对男人而言，害怕被控制、想要独处的内疚、对女人的反弹、误以为只能靠自己，这些感受都是很常见的现象。结果，和女人的关系变成一种无意识的行为，因为再度敞开自己去面对有如母亲一般的能量，是令男人愤怒而害怕的。这样的矛盾是在于，当我们出于害怕被控制而逃走时，我们也无法找回自己的力量。我们无法具足力量，直到我们开始面对恐惧。

我想对于女人而言，融合的过程虽然比较容易和熟悉，但仍会带来被控制的恐惧。很多女人已深受制约，变成需要仰赖男人、服侍男人。当她们不满于父权和男性文化对女人的矮化与鄙视，而要从这样的制约中重生时，时常会有一股强烈的反弹力量升起。当要向一个男人敞开时，那种没价值又没权力的恐惧感又会回来，会害怕自己再度回到卑躬屈膝的老路上。

我在脱离孤立并冒险敞开自己时，也必须处理不知如何与人亲密联结的羞愧感以及不知如何与人分享、与人在情感上同在一起的恐惧感。当我走出否认而看见自己的各种恐惧时，可以看见我批判亲密分享的唯一理由，是我不懂得那到底是什么，或从何着手。从来没人教我这些，我不习惯展现自己的亲密情感和别人分享。我甚至不晓得自己有这样的情感，我已被制约成一个“做事的人”，而且总是做得很好。我学会了享受有事可做，但是要学会“只是存在”，对我实在太困难了。亲密的分享，主要是分享我们“这个人”，而不只是分享我们“做了什么”。对于一个生长环境不是能深度亲密沟通的人而言（我觉得大部分的人都是这样长大的），他或她一定要学习一种能向人敞开自己，又维持亲密关系的全新方式。

要学习去与人融合，并面对自己可能在对方身上迷失自己的那种恐惧感，这个历程真是一大挑战。我留意到敞开自己常使我陷入惊吓，而且我会悄悄回到用孤立隐藏自己的旧模式中。当惊吓出现时，我会退回来并切断关系，尽管我也很想面对恐惧。我无法说出自己想要的究竟是什么，也说不出自己到底是想要单独，还是想和对方在一起，因为实在太惊吓了而无法有所感觉。我甚至说不清楚内在发生了什么。然而，与这份惊吓待在一起，感受着当下的麻木和困惑，是再度敞开自己的重要历程。

在某一点上，我很清楚如果想要拥有爱，必须愿意面对自己在亲密关系中的羞愧和恐惧。在实践层面，也意味着要有意识地下决心，随时去联结、感觉、分享当下发生的事，保持诚实而开放的关系，即使自己身体的每一个细胞都想逃跑，也要坚持下来。最后我了解到，我永远无法清楚自己在怕什么，除非我能觉知地面对它。即使我做出了一个有意识的决定，迎向这些恐惧，也不表示事情就会迎刃而解。我认出自己的模式那就是一直在逃避，它始终就在我的面前。我也必须面对：当我花时间单独待着时，随之而来的恐惧和内疚。然而，当我和爱人分享这些时，我也看到我们彼此都有着类似的恐惧。基本上，我们都面临着相同的挑战。

学习融合

我第一次探索融合和分离之舞时，以为只要随着依赖和反依赖的线索去了解即可。依赖者以依赖的姿态来掩饰自己对分离的恐惧，反依赖者则以独立来掩饰自己对亲密的恐惧。但是，我现在看出这样的二分法是不对的，我们所有的人都有分离和融合的恐惧，这两种角色形态只是对恐惧的表层保护而已。一旦我们开始努力去探索恐惧，我们与角色的认同就消失不见了。

依赖者和反依赖者之间的戏码，只是我们旅程的第一阶段而已。如果没有觉察和下定决心，我们也只能停留在这个较低的阶段。

然而学习融合与分离之舞，是在一个较高层次的阶段上。在这一点上，我们意识到彼此都有融合和分离的深层伤口要处理，而我们在一起，就是为了要在这上面一起下功夫。

有了这样的理解、慈悲和承诺，事情就会变得不一样。我们在一起，而且也知道彼此都有一颗深深受伤的心，必须舞步轻盈，因为只要一点点小事就会触动到彼此的伤口。

有几个基本的因素，会让这支舞变得困难。首先，俩人之间想要单独或融合的时间点可能有所不同。一个人想跳独舞，另一个人却刚好想跳融合的双人舞，此时，内在小孩就会出来兴风作浪。被遗弃的伤痛以及不被了解、尊重、支持和被爱的恐惧，一股脑儿都出现了。想要分离独舞的一方觉得受到挤压和控制，而想要融合的一方则觉得被遗弃。当这种情形出现时，除非我们自己处理内在的感受，否则就会一直痛苦和冲突下去。当它出现时，我们可以在一个尊重、愿意倾听和理解对方的宽容氛围中，就当下彼此的步调不一致这个问题，做些内在工作。

另一个困难是，有一方或双方并不想或不准备全然地投入融合或者分离，这会创造出一种令人困惑而阴沉的能量，我在自己身上活生生地看到这点。当我想花一些时间单独时，仍然会有内疚之感。这传达了一种令人困惑的振动能量给我的爱人，因为她可以感受到我给自己的空间不够，而她也开始猜测我到底要什么。她可以感受到我的犹豫不决和心不在焉。同时，当我觉得不值得给自己单独的空间时，会变得心怀愤恨，而且两个人在一起时无法定下心来，只是制造出更多阴郁的气氛而已。如果我们不下定决心在这两个层面上都下功夫的话即在想要单独时有勇气让自己单独以及当两人在一起时有勇气深刻地分享彼此，这支合跳的双人舞是不会协调的。

学习分离

另一个需要我们的爱与敏感的，是我们分离的方式。在让人搞不清楚的状况下就突然把关系切断，是很伤人的。对小孩而言，这是暴力。我们都需要自己的空间和时间让自己单独，来恢复生机活力，展现创意，重新找回自我。当这份需求浮现时，我们需要去满足它；然而，不同的表达方式，会让情况全然改观。如果我们能够敏感于对方的感受，那么当我们抽离而回到自己的空间时，其实不会点燃对方被遗弃的伤口（或至少不会太多）。当爱人是亲切有礼地离开，而且保持敞开的沟通时，我们就不会这么惊慌失措，因为在沟通中彼此还是有联结的。

更进一步来说，允许我们离开去做自己想做的事，本来就不是爱人的责任。如果还需要对方的保证与允许，我们会永远长不大。当我们多花时间在自己身上时，必然会触动对方和我们自己旧有的分离伤痛而且我们必须面对它们，在跳这支双人舞时，保持这些觉知是有帮助的。我们过去学习到的是，只要我们把事情一一做“对”，就永远不必面对自己的恐惧，不必害怕对方会报复、切断联结、生气等，因为这些可能性会带动出我们内在对单独的恐惧，同时触动分离的伤痛。然而，老是保护着自己不去感受这些恐惧，对成长而言实在不是一件好事。相反地，我们必须去邀请它。如果一直抓住浪漫的念头不放，认为对方随时在候命，或我们得随时为对方候命，那么从一开始，我们就把自己给糟蹋了。

与我们的爱人或好友分享，说出我们不敢为自己争取时间和空间的那种恐惧感，会很有帮助。让他们知道我们的故事，到最后就会在彼此的理解中，建立起信任的基础。当对方为自己营造单独的时间和空间时，让对方知道我们有被遗弃的伤口，也是有益的。一旦知道彼此的伤口和恐惧，那么我们对于什么状况会触动对方的伤痛，就会变得较为敏感而易懂。彼此分享过去，是让我们更为亲近的方式之一，对好朋友也是这样，不只是爱人。一旦这样做，当伤痛真的发生时，并不会因此而比较容易度过，然而，却能够帮助将我们带回到自己的心。

使得这支舞曲这么富有挑战性的，是我们深沉的伤口很容易就会被触动。而且，从小时候起，我们就很习惯被背叛。有一对我最近见过的情侣，可以清楚说明这种情形。男方曾经与某位女士发生性行为，不是一次而是好几个月，而那位女士正巧是女方最要好的朋友。女方正从一个乱伦受害者的角色中恢复过来，对自己的性行为有深深的恐惧和缺乏安全感。男方是在一年前发生这个事件的，但是他不敢告诉女朋友，怕她反应过度。现在这对情侣想恢复原来的信任关系。女方被两种感觉所撕裂，一方面她想去爱和宽恕，另一方面她又盛怒而想要报复，男方内在则交替着内疚和不耐烦的感觉。

这支舞曲需要的是持续地分享，甚至可能只是分享一些引起我们伤痛的小事。在不断发展的关系中，就在一些小地方，我们随时都在引发对方被遗弃、被剥夺的伤口。当情绪被触动时，我们很容易会否定自己和对方的感觉："噢，别傻了，你不该有那种感觉。"或是"我实在搞不懂为什么你会那样想，你实在想太多了。"如果伤口出现了，它其实是在那里，制造一个让我们可以互相分享和亲近的好机会。这个触动的事件是否琐碎并不重要，因为感觉和情感本身绝对不是琐事。

爱和静心

分离和融合之舞，成就了意识光谱的圆满。

在最低的层次中，上演着反依赖和依赖的戏码，这时我们仍陷于误解和投射之中。在较高的层次中，我们变成了两个好友，共同走在真相大道的旅程中，以自己经历过的单独和融合的力量互相教导，也互相分享自己在这当中的痛苦和恐惧。在最高的层次中，我们已将过去未曾拥有的和被我们拒绝的自我，加以统整，还可以在分离或融合的过程中，联结上这些曾经疏离的自我。

练习：

探索融合和分离

1. 融合

花点时间回想一下，也可以写下来：过去你允许别人靠近你时你所产生的恐惧。想象你的爱人坐在对面，而且给你亲近他的机会。

如果是和爱人进行这样的探索会是最深刻的，但是，现在这个练习可以和任何我们允许靠近的人一起进行。看看回答下列陈述，会出现什么：

- 如果我让你进来我的世界里，你会……
- 如果我展现我真实的面貌，你会……

2. 分离

探索另一个极端，我们对于分离和放手在害怕些什么？如果我们更贴近去看，可能会发现我们看到的和之前所认为的有所不同。我们可以双向探索，身为离开的人是什么感觉，身为被离开的人又是什么感觉？分离有很多种形式。当我们分开时，有时双方感觉是一致的，都是需要自己的空间。但有时则是一方需要独处空间，另一方不要。这两种经验就非常不同。

当你回答这些问题时，再想象一下你是坐在爱人的对面，但也适用于你生命中的其他人物。你可以说出你何时想和对方分开而拥有自己的空间吗？

- 当你想要自己的空间时，你会遵循这股能量，还是让你自己受到责任感和内疚的束缚而动弹不得？
- 当你在情感上和身体上与人保持距离时，你是在追求什么？
- 你是否发现，即使你正和某个人在一起，你也总是保持距离，或者你是否也有允许自己融入对方的时候？
- 当你离开时，你是否会说什么，还是只是默默离开？
- 当你爱人的能量离你而去，却未留下只言片语时，你心中会有何感受？
- 当你感觉他或她的人已经离去，但在情感上仍有联结时，对你来说有何差别？

第十九章　放手——进入爱和单独

你一直四处奔波。真实就在这里，而你一直四处奔波，于是相不曾与真实相遇。

除非你与真实相遇，否则你永远不会快乐。快乐，就是当你和真实协调一致时。

快乐是你和真实之间的一种和谐，不快乐是你和真实之间的一种不和谐。

所以，如果你不快乐，记住，一定是你与真实脱节了。

你一定要跟随真实；你一定要和真实有深刻的和谐一致，真正和它在一起。

你一定要变成真实这个伟大乐团中的一个音符。

不是去战斗，而是要臣服，献身于它，准备好要融入它。

那就是爱，准备好要融入真实之中；准备好融入、融化；准备好要和真实合一。

你将会失去某些东西，你的梦想、你的自我，你将会失去那份分离感。

你会像一滴水一样地消失不见，但没有什么好担心的，你将会变成大海。

你将不会是从以前一直到现在的你——你的自我。

你的藩篱会不见，你将不会是座孤岛，而是陆地的一部分。

失去自我，不会真的失去什么；抗拒，才会失去一切。

——《挚爱》（*The Beloved*）

拥抱着爱和静心，在这趟恐惧之旅的终点，我们来到最大的挑战——放手。我意识到我所有的小小战斗，所有控制、操弄他人和情境的努力，都只是我与存在的交战。这些我紧抓着的做法让我知道是，我还要再做多少内在功课。我们紧抓着，因为我们还有尚未解决的恐惧。

要让我们愿意放下控制的策略，必须要相信，相信存在会供给我们所需。对我而言，这是我持续静心的功课。这意味着我们要敞开自己，面对无常的世间，面对害怕得不到自己所需的恐惧以及随之而来的更多恐惧。如果我能放下想要控制或操纵外在的企图，必须先接受自己的恐惧，愿意去感受它。我必须持续有意识地选择，进入这些恐惧中。任何挫折、失望、不愉快或是威胁，都会产生一种即时的反应，让我们想去控制、操纵，或是试图改变外在，好让威胁消失不见。每次这么做，都是在掩饰自己的恐惧或痛苦。这些小状况，无时无刻不发生在我们生活中。这些状况并不是不重要的琐事。放手，意味着把焦点转向内在，我们不再去控制外在，而是去感受被触动的内在情绪。

我们的防御策略会将我们带离自己的内在感受。但我发现当我选择向内看时，恐惧和痛苦就不像原先我所预期的那样了。事实上，痛苦和恐惧的出现是来自迷失了自己，而不是因为无法从外在得到自己想要的。它来自迷失了自我中心。慢慢地，我开始看见自己所获得的滋养，并不是来自从外在得到我想要和需要的，而是回到内在，一次又一次回到自己，从发现自我、回归自我的中心，得到全然的喜乐。

我仍然必须不断地提醒自己要丢弃聚焦于外在的防御策略，而回到自己的内在。然而制约实在太深，它从来就不支持滋养我们的转向内在。很少人在向内工作时能得到支持，因为我们的成长环境缺乏静心的氛围。向外追求是一种强迫性驱力，因为那是出于无意识的自动反应。所以我们必须重新学习，开始习惯于把握那些不舒服的片刻，回到内在，与之相处。

在这最后一章中，我总结了支持我们丢掉外在策略而转向内在的要点，让这趟内在之旅可以一直持续下去。

从“骑师使诈”转变为“安坐马鞍”

在我们的工作坊中，我们用一个简单的隐喻，生动地描绘出如何放手和转向内在。当威胁或失望来袭时，我们会有反弹行为，为了生存而对威胁立刻做出响应。我们称这个反弹行为的姿态为“骑师使诈位置”，因为我们的能量上升，而且直指的目标是改变外在。相反，当我们安定下来和自己在一起，让自己有空间可以去感觉、注视，并允许情绪释放出来时，我们称之为“安坐马鞍”。在这样的位置里，我们安坐在自己当中，像是坐在自己内在的椅子上，带着觉察有意识地关掉反弹的本能冲动。安坐在马鞍中，也就是放手和转向内在的状态。当我们给自己那样的空间时，智慧与直觉就有时间好好运作。我们让位给内在智者，以适当的方式，响应那个反弹的扳机。

我在我自己的关系中密切注意过这个反应机制。当我觉得受到误解，或怀疑自己受操纵、攻击，或觉得被遗弃时，我总有一种非得去责备、战斗不可的念头，不然就是退回到熟悉的放弃念头。我可以清楚感受到自己想去防御自己、推开别人，或是强加报复的驱动力。处于那些没有觉知的时刻里，我会自动地进入“骑师使诈位置”，这是为了求生存而生的古老驱力。我可以感觉到这样的能量集中在太阳神经丛的位置，是一股战斗、防御、打击，或放弃的能量。我的内在小孩说着“看吧，它又来了。没人了解我，我是完全孤独的。如果不自我保护的话，我就会被人占便宜”。这是一股受伤、愤怒和放弃的能量，是一部儿时创伤的老电影，我已经演了很多遍了。

一直停留在我的制约的这部电影中，对我的成长一点意义也没有，该是我冒险求新求变的时候了。这样的冒险是要停止从太阳神经丛做出反弹行为，将能量降到我的腹部，这也意味着要放弃想去改变外在的期望，而走入内在去感觉。安坐于马鞍时，在我的腹部，有更多空间可以认出被唤起的伤痛，而且和这些受剥夺和受遗弃的伤痛，好好待在一起。

我不再对对方做出反弹行为，取而代之的是向对方表达：“我觉得我们都被困在吵架里了，我不想再吵下去，其实，你说的话让我很受伤，因为……”或是“我觉得我好像必须赶快保护自己，因为我怕……”在这些时候，我们正真实地将能量从太阳神经丛带出来，而往下带到腹部。从这个地方，对方不再有被攻击的感觉，借由这样的移动，我们正负起停止缠斗下去的责任。一个巴掌拍不响。**只要我们其中有一个人停下来，将能量往下移到腹部，愿意敞开自己的脆弱，争斗就停止了**。

当选择不做出反弹行为时，我们就是在邀请脆弱进来。事实上，我们的反弹行为正是要让我们不觉得无助和脆弱。在关系中，不管是和爱人还是朋友，我们总是希望对方才是首先表现出脆弱的一方。我们自己比较喜欢待在安全有保障的地方，等着对方先走出第一步。当一个首先表现出脆弱的人，会让我们的骄傲受损。我们宁可自己是对的、占上风的，好向对方证明他或她应该看看自己的盲点，并觉得抱歉。光是想到要放弃这种自己一定是对的、自己可以掌控一切的需求，就令人惊恐不已。然而，只要我们还紧抓着自己非对不可、要掌控一切，或安全无虞的欲望，我们就无法真正地去爱人或静心。

从伤痛的触动回溯到伤痛本身

还有另一种领悟，可以帮我们从武装自己转变为脆弱开放，从掌控转变为放手和转向内在。当我们的伤口被触动时，我们可以追溯从伤痛被触动的那一刻到表现出反弹行为的过程中，内在发生的一连串事件。在这个反弹行为的底层，是我们的受伤或恐惧。这个触动激发了期待，而这个期待正掩盖着我们早期被剥夺的伤痛。通常我们不去感受或分享这个伤痛，取而代之的是去批判、责备或切断的反弹行为。

有个小例子：我最近写了一封电子邮件给一位朋友，分享当时生活上发生的一些感情事件和苦闷心情。不知什么原因，他有好几个礼拜都没有回信给我。在那段时间里，我觉得自己和他的关系是切断的，而且和他距离好遥远。我的内心开始批判他对我这么不用心，不值得把他当成我的好朋友。他的没有及时回应，就是那个触动我的扳机。我的期待是，当我打开心房时，一定要马上得到响应，而期待落空时，我就会出现反弹行为。这个反弹行为掩盖着早年没人理我的伤口，造成我现在的负面预期，那就是没有人会真心听我说话。然而，我们愿意多久回溯一次伤口并与人分享呢？我们只会代之以反弹行为，结果导致更多的痛苦和误解。正如之前所言，期待和反弹行为都只是我们被剥夺创伤所导致的结果。

我们内在受伤小孩充满着期待，因为他或她对爱非常饥渴。如果可以意识到这些期待，并回溯到被掩盖着的受剥夺的伤口，我们就能回到马鞍上安坐了。然而，不必非要摆脱期待不可，也不必一定要摆脱掉任何事情，我们只需要对于内在正发生的事保持觉知。不论这个触动的扳机是什么，是朋友或是爱人，还是周围环境，都只是同样戏码的上演。从发生的结果，回溯到被触动的扳机，再回溯到我们的不实期待以及被剥夺的伤口，我们随时可以练习这个觉察的工具，或与爱人及至友分享。

在通往臣服之路上拥抱恐惧

放手让我们处于脆弱中，则当我们是脆弱时，就会遭遇自己的恐惧。了解这些恐惧是属于我们内在退化小孩的一部分，只是仍然留存于受创的身体记忆中，对我们会有所帮助。去感受这些恐惧，是向臣服于存在迈出第一步。当我们舍弃生存伎俩不用时，恐惧会马上浮现，因为所有的生存伎俩最早是来自恐惧和缺乏信任。**除非我们视恐惧为追求真相的一部分，进而拥抱恐惧，不然放手就没有意义了**。

在我可以和自己的恐惧更接近之前，我将恐惧推到一边，因为我视恐惧是退缩、孩子气和自我沉溺的表现。我曾经放手过，但更多是源于放弃，而非源于真正的臣服。当我觉得无助时，我假装不在乎，但这样做对于感受内心所发生的事，一点帮助也没有。真正的放手，是我们真的很在意但仍然放手，不打算改变任何外在的事物。我回溯往事，发现自己应付一些重大的拒绝事件时，都是把伤害我、惊吓我至深的伤痛，强压到最小，故意不当一回事。当我们不拥抱自己的恐惧时，我们就远离了内在的脆弱空间，让它就此失落。在这种状况下，恐惧继续发挥强而有力的影响，只不过是在暗中秘密进行就是了。我们创造了内在的分裂，有“狂野的一边”——一个内在的冒险家兼探险家，以及“脆弱的一边”——带着恐惧、不安全感、接纳和温柔。

我最近的一位个案，可以说明这种拒绝承认自己的恐惧时，所发生的两极化状况。她显得忧心忡忡，因为正要离开印度，回到德国去和男友相聚，然而却开始怀疑自己是否还想和他在一起。“他这个人很无聊，”她这么告诉我，“我在性方面对他已没有热情。他不爱冒险、不爱尝鲜、不静心修养，也不想靠自己养活自己。”

我要她想象一下自己有两个面向。她的左边是她脆弱的一面，右边则是狂野的一面：从右边来看，她不断抱怨男友有多无趣，还有自己对他的性趣缺缺。但当我要她转向自己的左边时，一切都变了。她开始哭泣，说她有多么需要他，和他在一起时多么有安全感，他有多照顾她，光是想到没有他的日子，就让她害怕。再进一步探索，她可以看见在自己内心深处的追寻者和脆弱之间，也有分裂存在。二者之间没有哪一边比较信任或照顾另一边，而她的关系正反映出这样的分裂。

最后，当我要她坐在这两个位置的中间时，她可以更清楚地感觉到这个分裂。很明显地，决定是否还要与这个男友在一起的时机，还未成熟。但对她而言有更重要的事，就是开始整合自己这两个分裂的部分，对每一边的需求和特征能更敏锐觉察。由于内心有这么大的分裂，她也很难去找到一个可以符合她双重需求的人，既要能照顾她需要安全感、确定感的受伤内在小孩，又要满足她勇于冒险、探求未知的追寻者需求。

拥抱我们受惊吓的一面，是对自己工作的一个重要内在内容，这需要很大的关怀、耐心和信任。我们很容易就会让自己逃避而成为反弹又任性的小孩，这个小孩像个世故的政客和谋略家，耍诈又耍心机。在很多状况下，尤其是亲密关系中，都会反映出我们在内在制造了多大的分裂，变成既要逃避恐惧，又带着这个恐惧的人。

在边缘来回游走

我们必须去观想自己的生命和生命中的每一个面向，即使是最微不足道的状况也不放过，就把它当作是在恐惧边缘来回游走的机会。生活中所面对和创造的每个情境，都带给我们在恐惧边缘来回游走的机会。如果我们不拥抱这些挑战，我们就会与之对抗，然后成了受害者，抱怨别人或外在事件带给我们的不适和失望。

我最近看见一对情侣关系出了问题，因为女方嫌男方无法沟通，男方嫌女方需索无度，这是很典型的状况。当探索得更深时，发现男方虽然有自信又是个精进的求道者，但是对自己的脆弱却是非常地惊恐而无法面对。我让他了解他需要的是进入自己的敏感面，让自己在那里成长和培养勇气，他可以去拥抱这个部分，因为这满足他身为求道者的需求。同样地对女方而言，当她感受到挫折时，让自己不要那么地向外需索，而这会引发她内在对被剥夺的恐惧，而这似乎正是她的恐惧的边缘地带，是她可以成长的地方。

结语

我们的制约让我们难以放下和信任。它给我们一种错觉，相信总有一天，会有什么人或什么事，会让我们的苦痛恐惧消失。它不支持能真正复原的内在道路，也不支持静心。如果想要重新发现自我、建立对生命的信任，除了揭露自己的否认和迷惘，进入并面对恐惧和痛苦之外，别无选择。这是一条内省和静心之路，拥抱生命中所发生的一切，当作是成长的食粮，只是看着它、感受它和允许它发生。

放下而进入信任状态，也包含了对自己是单独一人的深刻接受。这不是出于孤立和害怕亲密，而是出于单纯地意识到“就是如此”的存在感。我必须诚实地说，我不敢说自己已经达到接受自己是单独一人的这个点，但我可以意识到它。仅仅是这样的认识，就已经帮助我不再强迫自己无意识地控制一切。放手是让我们能将爱带进生活的唯一途径，当我们还不能做到时，我们只是不断地用各种控制手段把爱推开，只是向所爱的人索取滋养和亲近。放手是向未知和神秘臣服的历程，不是随便弃械投降，而是允许信任发生，并渐渐成为一种生活方式。

我要分享我师父说过的一个故事来结尾：一位爱好艺术和绘画的中国皇帝，他召集天下画家至皇宫，选拔天下第一的画家，并以金银财宝为赏。天下画家蜂拥而至。有位老画家却禀告皇上，他有附带条件：第一，他要花三年作画；第二，画作完成之前不准偷看。

皇上很不情愿地答应了他的条件，因为这老者散发出一种独特的魅力。所有其他画家都在一个月内画好了，却没有一张画让皇上满意，他一直等着这位老者的画作完成。皇上特辟一间警卫森严的宫室，让他不受打扰，而且也等待三年。三年之期一到，老画家邀请皇上来观赏画作，这画有一面宫墙那么大，是一幅山水画。画的构图，前有树林，后为远山，画中有条小径从林间向后蜿蜒，一直到虚无缥缈的山中。

皇上对眼前所见不敢置信，他从未见过如此鬼斧神工的美景。他静观甚久，最后终于问了一个问题："我对这画中小径甚感兴趣，它似乎环山而绕，又消失其中，到底通向何方？"

画家回说："您亲自走走，就见分晓。"

这位皇上完全被这幅艺术品之壮丽所慑服，根本就忘了那只是一幅画罢了。他牵起画家的手，一起沿着山径而行，消失山中，至今未回。

我们每个人都在一个长途跋涉、悲喜交加的旅程中，都要通过那片山林，渐渐寻到上山之路。在共同依存中的挣扎，很像是那片深幽迷蒙的山林，但在旅程的终点，我们将到达山巅，超越这块已知与熟悉的领域。我们所探索的是，发现自己，并在此过程中和另一个人分享深刻的爱。那画家也正牵着我们的手，轻柔地引导我们走向一条道路，它的终点是未知，也是不可知的。

重新成为小孩，你将不会逃离你自己，你会奔驰于自己内在，这就是静心者之路。

世俗之人不断地逃离自己，而求道者在自己内在奔驰，好去发现生命的源头，去发现这份意识。

当他发现这个源头时，他发现的不只是自己生命的源头，也是宇宙的生命源头，整个宇宙。

在他内在会升起一种巨大的喜悦，生命变得不仅是一首歌、一支舞和一个接一个的瞬间。

——《真善美》（*Satyam, Shivam, Sunderam*）